KB155919

아침에
빵을 먹지 마라

일러두기 본문의 각주는 모두 옮긴이 주입니다.

아침에 빵을 먹지 마라

음식의 노예로 만드는 탄수화물에서 벗어나기

후쿠시마 마사쓰구 지음
다카스기 호미 요리 감수
이해란 옮김
안병수 감수

국일미디어

아침마다 먹는 빵이 당신의 건강을 빼앗습니다

"아침에 빵을 먹지 말아보시겠어요?"

제가 운영하는 클리닉에서는 위장(胃腸)의 불편함을 호소하는 환자에게 일단 이렇게 제안합니다.

몇몇 조사를 살펴보면 일본인의 50% 이상은 아침에 빵을 먹는 듯싶습니다. 조사에 따라 편차는 있지만 빵파와 밥파의 비율이 거의 똑같거나 빵파가 더 많았어요.

어려서부터 '아침은 빵'인 사람도 있는지라 환자에게 갑자기 "아침에 빵을 먹지 마세요"라고 하면 놀라거나 받아들이지 못하는 경우도 적지 않습니다.

이렇게 많은 사람이 예사로 먹는 '아침 빵'을 왜 끊어야 할까요?

그것은 빵이 몸에 나쁜 음식이기 때문입니다.

빵은 소화가 안 되고, 의존성이 높다

빵이 소화가 잘되는 음식이라고 생각하는 사람도 많지만 사실 빵은 위장에서 소화하기 힘든 음식입니다.

빵은 손쉽게 먹을 수 있고, 먹으면 속이 든든하지만* '든든하다 = 위에 머무르는 시간이 길다'이므로 실은 다른 식품보다 소화가 안 되는 것이지요.

게다가 빵의 주원료인 밀에 함유된 글루텐은 소화효소로는 잘 분해되지 않아서 충분히 소화되지 않은 채 소장(小腸, 작은창자)의 점막에 흡수됩니다. 소화가 덜 된 음식물은 소장의 점막에 상처를 내고, 복통이나 알레르기의 원인이 되기도 합니다.

그뿐만이 아닙니다. 밀을 고온으로 가열해 만드는 빵은 비만, 고혈압, 당뇨병, 동맥경화, 심근경색, 뇌경색, 암 등의 발병과 악화로도 이어집니다.

이처럼 빵이 몸에 나쁜 이유는 수두룩합니다. 그렇다면 아침에 빵을 먹는 것은 왜 좋지 않을까요?

---

* 일본에서는 밀가루로 만든 빵, 면류 등의 음식이 소화하기 좋으면서도 속을 든든하게 해주는 것으로 인식된다.

빵은 혈당을 급격히 올리고, 중독성이 있다

본디 밀가루에는 당질이 많습니다. 탄수화물의 당질은 곡류나 덩이줄기채소, 설탕 등에 다량 함유된 영양소로 몸속에 흡수되어 에너지원이 됩니다. 100g당 당질의 양을 보면 밥은 35.6g, 식빵은 42.2g으로 밥보다 빵에 당질이 많습니다.

더구나 아침에는 혈당을 올리는 호르몬이 평소보다 많이 분비되기 때문에 점심으로 당질을 섭취할 때보다 혈당치가 오르기 쉽습니다. 그런 시간대에 당질 함량이 높은 식빵을 먹으면 혈당치가 더욱 급상승하는 '혈당 스파이크'가 일어납니다.

이뿐만이 아닙니다. 빵을 비롯한 밀가루 음식은 중독성이 높습니다.

혈당치가 급격히 오르면 떨어질 때도 급격히 떨어져서 당질이 또 먹고 싶어집니다. 아침에 식빵을 먹으면 점심은 우동, 저녁은 파스타로 이어지는 연쇄작용이 일어나게 되는 건 이러한 이유 때문입니다.

그 결과 당질이 당질을 부르는 '당질 과다'의 무한 반복에 빠지고 마는 것입니다.

이와 관련해서는 '제1장 인간의 수명을 갉아먹는 빵'에서 설명하겠습니다.

소화에 부담을 줄 정도로 과식하게 된다

소화기과의 외래환자는 대부분 '더부룩함', '위액 역류', '가슴이나 목이 답답함' 등의 증상으로 병원을 찾습니다.

저는 소화기과 전문의로서 지금까지 위내시경 검사를 6만 건, 대장 내시경 검사를 3만 건 이상 진행했습니다. 합계 약 10만 명의 위장을 진찰한 제가 지금까지의 임상 경험으로 미루어 보건대 이런 증상은 대개 식습관에 원인이 있습니다.

그리고 결론적으로 주범은 탄수화물이라고 생각합니다.

현대인의 식사는 탄수화물 위주로 돌아갑니다.

덮밥, 초밥, 피자, 파스타, 부침개……. 고기와 생선은 먹지 않아도 탄수화물은 꼭 챙기는 식습관을 가진 사람도 꽤 많지요.

심지어 그 식습관 탓에 자신이 과식하게 된다는 사실조차 잘 모릅니다. 위장 전문가로서 말씀드리면 식빵 한 장, 밥 한 공기, 우동 한 그릇, 파스타 한 접시 같은 탄수화물 음식은 일반적인 양으로 먹어도 위에는 과식입니다.

왜냐하면 인간의 소화기관은 구조상 탄수화물을 대량으로 처리해내지 못하기 때문입니다.

탄수화물은 당신을 '음식의 노예'로 만든다

탄수화물 위주로 먹어야 배가 잔뜩 불러서 만족스럽다는 사람도 적지 않습니다.

탄수화물은 위가 꽉 차는 범위를 뛰어넘어 허용량보다 많이 먹게 하기 십상입니다. 그런데도 먹고 돌아서면 묘하게 속이 허해서 다시 탄수화물을 과식하고 마는 경험은 많은 사람에게 있을 듯합니다.

요컨대 음식을 '먹는다'기보다 '먹게 된다'입니다.

말 그대로 '음식의 노예'가 되었다고 해도 과언이 아닙니다.

음식의 노예가 되면 위장에 큰 부담이 갈 뿐 아니라 각종 생활습관병의 발병과 악화가 뒤따릅니다.

탄수화물 과잉 섭취는 배부름을 대가로 당신의 건강을 빼앗고, 수명을 단축합니다.

'음식의 노예'가 되고 싶지 않다면 매일같이 탄수화물을 먹는 사람은 당장 멈춰야 합니다.

그러나 느닷없이 "오늘부터 탄수화물을 줄이세요"라는 권고를 듣고, 기존의 식습관에서 벗어날 수 있는 사람은 별로 없습니다.

반발하는 환자도 당연히 있어서 어떻게 제안해야 받아들여질지 소화기과 의사로서 생각하고 또 생각했습니다.

고심 끝에 탄수화물의 무한 반복에서 탈출하는 첫걸음으로 제안하게 된 것이 첫머리의 "아침에 빵을 먹지 말아 보시겠어요?"였지요.

빵을 끊으면 암을 예방하고 장수할 수 있다

이 제안을 시작하고부터 많은 환자가 '탄수화물 탈출'을 실천하게 되었습니다.

그리고 실제로 '아침 빵'을 끊은 환자에게서 다음과 같은 반응이 돌아왔어요.

"빵을 끊으니까 속이 더부룩하지 않다."

"신물 올라오는 느낌이 사라졌다."

"설사하는 일이 없어졌다."

"확실히 몸이 가뿐해졌다."

"살이 빠졌다."

"짜증이 줄었다."

"천식 발작이 가라앉았다."

"편두통이 가셨다."

이것은 제가 일하는 클리닉의 외래환자분들이 이야기한 내용입니다.

이미 눈치채셨겠지만 '아침 빵 끊기'의 효과는 그저 위장의 컨디션을 개선하는 데 그치지 않습니다.

그동안 앓았던 증상의 개선은 물론 생활습관병과 암 예방, 노화 방지에도 효과적입니다. '탄수화물 탈출'로 얻을 수 있는 여러 효과에 대해서는 이어지는 각 장에서 자세히 설명하겠습니다.

만약 당신이 '생활습관병에 걸리더라도 탄수화물을 마음껏 먹고 싶다'라고 생각한다면 이 책은 읽지 않는 편이 행복할지도 모릅니다.

하지만 의존성이 높은 탄수화물을 계속 섭취하다보면 언젠가는 건강은 물론 당신의 소중한 시간까지 몽텅 잃어버린다는 사실을 알고 말 겁니다.

건강수명을 늘리고, 더 나은 인생을 보내고, 자기 주변 사람을 행복하게 하고 싶다면 식사부터 개혁해야 합니다. 식사 개혁은 건강을 손에 넣는 것뿐만이 아니라 자기도 모르게 잃어버린 시간을 되찾는 일로도 이어집니다.

이 책을 읽고 당신의 인생이 더 나아진다면 그보다 더한 행복은 없을 것입니다.

후쿠시마 마사쓰구(福島正嗣)

차례

대사증후군에 걸린 소화기과 의사

제1장 인간의 수명을 갉아먹는 빵

빵이 위장에 나쁜 이유

제3장 최적의 영양 균형과 당질에 대하여

제4장 탄수화물이 일으키는 소화기계 질환

제5장 밀가루를 끊으면 만병이 치유된다

제6장 위장에 좋은 식사&식습관

제7장 밥, 반찬, 국 식단의 진실

제8장 당질 제한으로 올바르게 다이어트하기

제9장 식사를 바꾸면 장수할 수 있다

당질제한식 레시피

위장&소화에 좋은 메뉴

케톤식 추천 메뉴

프롤로그

대사증후군에 걸린 소화기과 의사

과거의 나는 비만과 대사증후군 상태에 놓여있었고 위염과 소화불량을 달고 살았다. 그런데 식단에서 당질을 제한하자 이러한 증상들이 호전되기 시작했다. 지금은 위장질환 문제로 나를 찾아오는 환자들에게도 아침에 빵을 먹지 말 것을 제안하고 있다. 프롤로그에서는 내가 어떠한 경위로 아침에 빵을 먹지 말아야 한다는 사실을 깨달았는지를 서술하겠다.

의사도 알아차리지 못한 밀 중독

나는 소화기과 전문의로서 30년 가까이 일해왔는데, 부끄럽지만 10년 전까지는 경도 비만과 이상지질혈증을 가지고 있었다. 당시 나는 키 172cm에 몸무게는 72kg으로 대사증후군 상태였다.

그 외에도 속쓰림과 편두통을 앓았고 몇 달에 한 번씩은 격렬한 위통(胃痛)을 겪어서 위산을 억제하는 약을 상비하면서 아플 때 그것으로 때웠다.

전부 젊어서부터 있던 증상이라 '사는 게 그렇지, 뭐'라고만 여기고 있었다. 비만이 되고부터는 계단을 내려갈 때 무릎에 통증이 오기 시작했지만 그것도 40대니까 나이 탓이려니 했다.

당시 나는 아침에 일이 바쁘지 않으면 빵을 먹었다. 점심은 밥이 고봉으로 나오는 정식 아니면 우동, 파스타. 저녁은 혼자

서도 먹을 수 있는 라면을 먹거나 술에 안주를 곁들였다.

밀가루 음식을 섭취하지 않는 날은 당연히 없었다. 당이 떨어졌다 싶을 때는 탄산음료를 마시거나 센베이를 먹기도 했다.

세상의 시선으로 보면 그렇게까지 비상식적인 생활은 아니었으나 지금 돌아보면 아침부터 빵을 먹어서 계속 탄수화물만 먹게 되는 악순환에 빠져있었던 것이었다.

당질 제한이라는 말에 무릎을 탁

그때 습윤치료(湿潤治療, 몸의 자가치유능력을 살리는 치료법)로 유명한 의사이자 내 친구인 나쓰이 마코토가 '당질 제한'이라고 불리는 당뇨 치료식을 시작했다는 소식을 들었다. 최근 들어 주목도가 높아진 이 새로운 개념의 당뇨 치료식은 교토 다카오 병원의 에베 고지 의사가 제창했다.

당질 제한이란 탄수화물, 지방, 단백질로 이뤄진 3대 에너지원 중 탄수화물 속 당질의 섭취를 제한하여 당뇨병을 다스리는 식이요법이다. 탄수화물은 대부분 칼로리가 없는 식이섬유와 실제 에너지원이 되는 당질이 결합된 형태로 존재한다. 식이섬유는 칼로리를 내지 못하므로 둘은 영양학적으로 거의 비슷한 의미로 사용된다.

그 무렵 의료계에서는 섭취 칼로리가 소비 칼로리를 웃돌면 비만해지고, 나아가 당뇨병이 발병한다고 보았다.

그래서 나도 처음에는 당질만 제한해서 당뇨병을 다스릴 수 있을지 의문스러웠다. '약 없이 식이요법만으로 당뇨병이 개선된다면 애초에 의료며 제약회사가 왜 필요하겠어'라고 말이다.

그러나 나 역시 당질 제한식을 계기로 인생이 크게 바뀌었다.

'어떠한 의견이 있다면 일단 해보자'가 내 지론인지라 일단 나는 저녁에 먹는 탄수화물을 끊어보기로 했다. 저녁 메뉴를 구운 돼지고기와 양배추로 정하고, 그것만 계속 먹었다. 정말 가벼운 마음으로 시작한 탄수화물 제한이었건만 매일같이 기름진 돼지고기(비계도 남기지 않고 먹었다)를 먹은 내 몸에 급격한 변화가 나타났다.

앞서 말했다시피 당시의 나는 경도 비만과 이상지질혈증이 있는 상태였다. 그런데 당질 제한을 시작하고 불과 두 달 만에 몸무게가 10kg 줄고, 중성지방 수치가 160mg/dL에서 26mg/dL까지 감소했다. 지방이란 일반적으로 동물 체지방의 90%를 차지하는 중성지방을 가리킨다. 지질은 중성지방과 지방산을 포괄하는 단어이나 식품 과학에서 지방과 지질은 거의 비슷한 의미로 사용된다.

진심으로 깜짝 놀랐다. **아무리 칼로리를 제한해도 나아지지 않던 비만과 이상지질혈증이 개선된 것이다.**

탄수화물을 끊으니
위산 역류가 사라졌다

탄수화물을 끊고 첫째로 느낀 점은 저녁에 고기와 채소뿐인 식사를 하면 배가 고프다는 사실이었다.

그동안은 늘 위가 찢어지도록 배불리 먹었기에 빵이나 밥 없이 반찬만 놓고 먹으니 아무리 먹어도 위 속이 덜 찼다.

그렇게 탄수화물 제한을 계속한 결과, 젊어서부터 시달린 식후의 더부룩함과 위통, 신물이 올라오는 느낌이 싹 사라졌다.

위산을 억제하는 약에 의지하는 일도 없어졌다.

또한 과거에 탄수화물을 먹고 느꼈던 비정상적인 포만감이 아닌 위 본연의 만족감이 들기 시작했다. 이 체험은 나에게 그야말로 신세계를 열어주었다.

한편으론 위통에 위산을 억제하는 약이나 점막보호제를 처방하는 치료 방식밖에 몰랐던 스스로의 진료가 부끄러워지기도 했다.

마침내 위통 증상의 약 40~60%를 차지한다는 '기능성 소화불량'의 원인이 밀을 포함한 탄수화물에 있지 않을까 하고 생각하게 되었다.

사람들이 소화기과를 찾는 이유 세 가지

'들어가며'에서 언급했듯이 사람들이 소화기과를 찾는 이유는 대개 '속이 더부룩해서', '위액이 역류해서', '가슴이나 목이 답답해서'이다.

이런 증상은 대부분 위산 분비 억제제나 위 점막 보호제로 치료가 진행된다. 증상이 나아지지 않는 경우에는 위내시경 검사를 권유받는다.

그러면 위궤양이나 심한 위염, 헬리코박터균(위나선균)이 발견되기도 한다. 치료로 증상이 호전되면 다행이지만 그렇지 않은 사례도 적지 않다.

몇 번을 병원에 찾아가도 낫기는커녕 위통에 인후통까지 더해져 이비인후과를 소개받고, 이비인후과에 갔더니 아무

문제가 없어서 내과로 되돌아오는 '뺑뺑이'를 반복하는 환자 마저 있다.

물론 병원에 가서 증상이 나아진다면 괜찮지만 몇 년째 약을 처방받을 뿐 차도는 전혀 느끼지 못하는 사람도 있을 것이다.

병원에 가도 낫지 않는
원인불명의 위통

나 역시 당질 제한을 알기 전까지는 선배 의사들에게 배운대로, 더부룩한 증상의 환자에게 위산분비억제제나 위 점막보호제를 처방했다.

환자가 잘 낫지 않는다고 하소연해도 "나을 약을 처방했으니까 나아질 겁니다! 이보다 더 좋은 약은 없거든요"라고 설명했다.

그때는 나 또한 처방을 계속해도 좀처럼 개선되지 않는다는 인상을 받기는 했다.

다만 소화기과 의사로서는 위암이나 위궤양일 가능성이 없는 한 환자의 목숨과 연관될 질병은 별로 없다고 판단했다.

하물며 나는 외과의였기에 '속이 더부룩한 증상은 내과 담당'이라고 선을 긋고서 진지하게 마주하지 않았다.

빵도 밥도 안 되면 무엇을 먹어야 할까?

당질 제한의 효과를 몸소 실감한 나는 외래진료의 방식을 바꾸었다. 위통으로 내원하는 경우에는 약 처방보다 식사지도를 중심으로 진료하는 편이 환자에게 더 이롭겠다고 판단해서였다.

그렇지만 한 명당 약 5~10분이 할당되는 외래진료에서 식사에 대한 환자의 사고방식을 바꾸기에는 시간이 너무 부족했다. "탄수화물을 줄이세요"라고만 말했다가 오히려 반발을 사기도 했다.

탄수화물 제한을 권유하면 으레 다음과 같은 반응이 돌아온다.

"밀과 쌀을 줄이면 주식으로 뭘 먹어야 하나요?"

이럴 때는 고기와 생선을 중심으로 하되 채소와 해조류도 챙겨 먹고, 아무래도 배가 고프다면 빵이나 밥을 조금만 곁들

이는 방법을 제안한다(자세한 내용은 제5장 위장에 좋은 식사&식습관에서 설명할 것이다).

그러나 어려서부터 먹어온 탄수화물을 삼가라는 말의 충격이 예상보다 큰 모양인지 '그게 무슨 소리요, 의사 양반!'이라는 표정을 짓는 환자도 있었다.

환자를 생각해서 건넨 제안이 도리어 반감을 사는 사태가 벌어진 것이다.

반발하던 환자들을 바꾼 마법의 말

"탄수화물을 줄입시다"라는 제안만으로는 환자에게 '식사를 어떻게 바꾸면 좋을지'를 구체적으로 전달할 수 없어 별다른 성과 없이 고민을 지속하는 날이 이어졌다.

단순한 외래진료에서는 식사지도에 충분한 시간을 할애하기가 불가능한 탓에 환자가 이해할 때까지 차분하게 설명할 수가 없다.

내 클리닉의 경영적인 부분을 고려한다면 괜한 제안을 하기보다 약을 처방하는 편이 진료시간도 단축됐다. 무엇보다 약 처방을 원하는 환자에게 굳이 환자의 의견을 부정하고 다른 답을 내려줄 필요도 없었다.

과거의 진료 방식으로 돌아갈지 말지 심각하게 고민하던 그때, 어느 환자의 한마디가 나를 일깨웠다.

"요는 아침에 빵을 안 먹으면 된다, 이거네요? 근데 가능하려나."

갑자기 식사 전반을 조절하라는 제안은 환자에게 매우 어려운 진입장벽으로 다가올 확률이 높다.

"일단 아침밥만 바꿔보세요"라고 제안하는 편이 환자가 이해하기 쉬울뿐더러 실천하기도 쉽다는 사실을 이 한마디로 깨달았다.

나는 저녁에 탄수화물을 생략한 것을 계기로 아침에도 점심에도 탄수화물을 제한하게 되었지만, 많은 사람에게는 아침에 탄수화물을 제한하는 쪽이 받아들이기 쉬운 첫걸음임을 그제야 알아차렸다.

아침에
빵을 끊었을 뿐인데

"○○님, 일단은 아침에 빵을 먹지 말아보시겠어요?"

이 정도면 환자도 내일부터 실천할 수 있는 수준이라 하루에 먹는 탄수화물을 조절하자고 장황하게 설명하는 것보다 훨씬 효과적이었다.

'들어가며'에서 소개한 사례처럼 실제로 '아침 빵'을 끊은 환자에게서는 "더부룩함, 신물이 올라오는 느낌, 설사가 사라졌다", "천식 발작이 가라앉았다" 등등 위장을 넘어 몸까지 나아졌다는 얘기를 들을 수 있었다.

식사지도를 적극적으로 수용하는 계기만 되어도 기쁜 일인데, 환자 본인이 직접 효과를 실감하니 다음 단계로 넘어가기도 쉬워졌다.

"그럼 저녁에도 탄수화물을 제한해 볼까요?"라는 제안을 환자가 승낙하여 더욱 효과가 커지는 선순환이 이루어지기 시작했다.

이 책에는 먼저 '아침 빵'을 끊으면 왜 위장의 상태가 개선되는지가 설명되어있다.

그리고 빵과 밥을 멀리하면 위장뿐만 아니라 몸의 건강이 좋아지고, 노화 방지와 암 예방 효과까지 얻을 수 있다는 점을 차례차례 설명할 것이다.

제1장

인간의 수명을 갉아먹는 빵

처음에는 환자에게 이해받지 못해 고전하였으나 "아침에 빵을 먹지 말아 보세요"라고 제안하기 시작한 뒤로는 외래진료에서 그 효과가 갈수록 높아졌다. '아침 빵'은 왜 몸에 해로울까? 제1장에서는 아침에 먹는 빵이 해로운 이유를 소화·흡수, 시간 영양학 등의 관점에서 살펴보고자 한다. 먼저 빵이 몸에 해로운 이유와 아침에 먹으면 안 되는 이유부터 설명하겠다.

빵이 위장에 나쁜 이유 ①

위에 머무르는 시간이 길다!

갑작스럽겠지만 질문이 있다.

우동은 소화하기 쉬운 음식일까?
아니면 소화하기 힘든 음식일까?

일본에서 우동은 컨디션이 나쁠 때 먹는 음식이다. 입원하면 병원식으로 제공되기도 해서인지 '우동은 소화가 잘된다'라고 여기는 사람도 많은 듯하다.

의사조차 우동이 소화가 잘되는 식품이라고 인식하고 있는데, 과연 그럴까?

사실 우동, 빵, 파스타처럼 밀이 주원료인 식품은 하나같이 소화가 잘 안 되는 위에 해로운 음식이다.

이 말에 놀라는 사람도 많겠지만 이것은 위의 잔류물을 보면 명확하게 드러난다.

위내시경 검사는 위 속을 텅 비운 상태에서 진행해야 하므로 약 6시간의 단식이 필요하다.

다만 이따금 나는 위 속에 음식물이 남아있는 상황에서 위내시경을 할 때가 있다. 그때 잔류물을 살펴보면 일반적으로 소화가 잘 안 된다고 알려져있는 고기는 거의 보이지 않는다.

그보다는 밥알, 우동 면발, 빵 부스러기가 압도적으로 많다.

국내에서 식품별 소화 속도에 대한 연구는 드물다. 하지만 해외에서는 빵을 먹으면 6시간, 쌀밥을 먹으면 10시간가량 위 속에 머무른다는 것을 확인한 논문이 있다. 이 연구는 내시경 검사에 앞서 몇 시간을 단식해야 할지 정하는 기준이 되었다.

연구에서 최대 시간을 표시했기에 임상적으로는 조금 더 짧기야 하겠으나 확실히 빵과 쌀은 위에 머무르는 시간이 길다고 볼 수 있다.

빵이 위장에 나쁜 이유 ②

글루텐이 소화와 흡수를 방해한다

위에서 분해된 음식물은 소장으로 운반되고, 그곳에서 이자액(췌장액)에 의해 다시 분해·흡수된다. 이 과정에서도 빵은 문제가 된다. 몇 년 새 주목도가 부쩍 높아진 '글루텐'이라는 단백질 때문이다.

글루텐은 밀가루에 함유된 '글루테닌'과 '글리아딘'이라는 2가지 단백질이 뒤얽혀 만들어진 성분으로 이것이 있어야 빵에 쫀득쫀득함과 찰기가 생긴다.

글루텐은 충분히 소화되지 않은 채 소장의 점막에 흡수되기 일쑤라 소화·분해가 어려울뿐더러 갖가지 문제를 일으킬 가능성이 높다.

특히 빵은 강력분으로 만들기에 더 많은 글루텐을 함유한다. 빵을 만드는 사람들은 하얀 가루가 천에 달라붙어 잘 떨어지지 않는 경험을 해본 적이 있을 텐데, 이것이 글루텐의 점착성이다.

이런 끈적끈적한 물질이 소장에 도달하면 소장의 융털에 들러붙어서 소화·흡수를 방해한다. 이는 복통을 일으키거나 알레르기를 유발하는 원인이 되기도 한다.

최근에는 당질의 함유량을 줄인 빵도 판매되고 있으나 혈당치가 덜 올라갈 뿐 글루텐은 듬뿍 들어있으므로 추천할 만한 식품이 아니다. 나도 몇 종류나 먹어봤지만 먹고 나면 여지없이 속이 더부룩했다. 기존의 빵보다 덜 더부룩하기는 해도 큰 차이는 없었다.

다만 어디까지나 빵 섭취를 피해야 하는 가장 큰 원인은 글루텐이 아닌 당질에 있다. 글루텐은 어디까지나 밀가루에 함유된 성분 중 하나로 소화·흡수 방해를 일으킬 뿐이다. 당질과 비교하면 그 해악은 비교적 작다.

최근에는 글루텐 섭취를 피하자는 뜻의 '글루텐프리(Gluten-free)' 캠페인이 일어나기도 한다. 그러나 글루텐프리를 실천하면 무얼 먹어도 괜찮다고 여기는 인식이 더 문제다.

빵에는 글루텐 외에도 제조과정에서 들어갈 수 있는 보존료 등 다양한 해로운 물질이 있지만 그중 최고는 당질이다.

동양인은 서양인보다 글루텐 알레르기 비율이 낮아서 글루텐프리가 필요한 사람도 많지 않다. 글루텐 알레르기가 없는 동양인에게는 당질이 글루텐보다 해롭다는 점을 알아야 한다.

빵이 위장에 나쁜 이유 ③

소금이 위에 상처를 낸다

빵에는 소금도 다량 들어간다. 소금 없이는 빵이 쫀득쫀득해지지 않는 까닭에서다.

'소금을 지나치게 섭취하면 좋지 않다'는 사실은 이미 널리 알려졌다. 이유로는 '고혈압이 생기니까'를 떠올리는 사람이 많을 성싶은데, 실제 문제는 그것만이 아니다.

소금은 소화기관의 점막을 강하게 자극한다. 그것이 위암의 발병 원인이 된다는 점도 역학 조사로 판명되었다. **소금을 많이 섭취하면 위의 점막을 보호하는 점액이 파괴되어 점막에 상처가 나고, 만성 염증이 생긴다.**

잠자는 동안 위의 점막이 일껏 회복되어도 이튿날 아침에 빵을 먹으면 소화하기 힘든 밀과 자극적인 소금이 다시 위의 부담을 가중시켜 컨디션을 무너뜨린다.

빵이 위장에 나쁜 이유 ④

가열 조리가 몸을 그을린다

밀의 주성분인 녹말(전분)은 날것일 때는 베타녹말이라고 불리어, 그대로 먹으면 소화·흡수가 어렵고 다량 섭취 시 설사를 유발한다. 소화·흡수가 잘되게 만들려면 가열해서 알파녹말 상태로 바꾸어야 한다.

쌀도 마찬가지다. 생쌀은 딱딱해서 먹기 힘들지만 밥솥에 안치면 부드럽게 퍼져서 쌀밥이 된다.

밀을 빵으로 구우려면 쌀로 밥을 지을 때보다 높은 열을 가해야 한다. 밀이 가열되면 단백질과 당이 결합하여 AGE(최종당화 산물)라는 노화 물질이 만들어진다. 핫케이크나 토스트의 갈색으로 구워진 부분이 AGE이다.

혈액 속에 남은 당질은 혈관 벽의 콜라겐을 비롯한 여러 단백질에 들러붙는데 이 반응이 진행될 때도 AGE가 생성된다.

때문에 AGE는 '몸의 그을음'이라고도 불린다.

당뇨 합병증을 일으키는 중대한 요인 중 하나인 AGE는 몸속의 단백질 혹은 지질과 결합하여 세포를 손상시키고, 신체의 콜라겐 부위에 영향을 주어 주름이며 기미의 원인이 된다.

심지어는 혈관, 콩팥(신장), 근육 등의 장기에 염증을 유발하거나 계속 쌓여서 동맥경화, 심근경색, 뇌경색, 암으로 발전하기도 한다.

AGE는 고혈당증에 의해 몸속에서도 만들어지는 물질이지만 식사에서 유래하기도 한다. 식품에 포함된 AGE의 약 7%는 배출되지 않고 몸속에 축적된다.

식품에 포함된 AGE는 소화·분해가 지극히 어려운 데다 덜 소화된 상태로 흡수되는 것도 문제다. 보기만 해도 군침이 도는 노릇노릇한 빵과 핫케이크가 소화불량으로 인한 복통을 유발하는 원인이 될 수 있다는 뜻이다.

단, 큰 문제가 되는 쪽은 몸속에서 만들어지는 AGE로 식사에서 유래한 AGE는 장기에 미치는 영향이 적기에 너무 예민해질 필요는 없다. 그러나 혈액 속 당질이 AGE를 생성하며, 빵이 소화기관의 부담을 가중하는 음식이라는 점은 명심해야 한다.

아침 빵이 안 되는 이유 ①

혈당치를 급격하게 올린다

여기까지 빵이 잘 소화되지 않는 이유를 살펴보았다. 그렇다면 왜 아침에 빵을 먹으면 특히 더 좋지 않다는 것일까?

가장 큰 이유는 혈당치에 미치는 영향이다.

밥과 빵처럼 당질이 많은 탄수화물을 섭취하면 혈당치가 올라간다는 사실은 널리 알려져있다. "아침에는 혈당치가 낮으니 뇌가 각성하도록 탄수화물을 적극적으로 섭취해야 한다"라는 슬로건까지 있을 정도로 말이다.

그러나 본래 아침에는 혈당을 높이는 코르티솔과 아드레날린이라는 호르몬이 평소보다 많이 분비된다. 따라서 아침에 당질을 섭취하면 낮에 섭취할 때보다 혈당치가 쉽게 상승한다.

아침에 혈당치가 높아지는 '새벽 현상'은 당뇨병 환자라면 흔히 겪는 일이다. 보통은 취침 시보다 기상 시의 혈당치가 낮은

데(자는 동안 식사하지 않으므로), '새벽 현상'이 나타나면 아침의 혈당치가 전날 밤보다 20~30mg/dL 높은 경우도 있다.

당뇨병이 없는 사람도 점심때보다 아침때 혈당치가 쉽게 오른다는 점은 시간 영양학(Chrono-nutrition)* 분야에서 보고된 내용이다.

요컨대 혈당이 오르기 쉬운 아침에 빵을 먹으면 혈당치는 더욱 쉽게 상승한다.

특히 식후 1~2시간 동안 혈당치가 급격히 올랐다가 떨어지는 상태를 '혈당 스파이크'라고 부른다. 혈당치의 극심한 변동은 혈관에 손상을 입혀 동맥경화나 심근경색, 뇌졸중으로 이어질 수 있다.

혈당 상승을 예방하는 방법으로는 식이섬유가 풍부한 식사와 식후 운동이 추천된다. 나로서는 그렇게까지 해서 아침 식사를 챙겨야만 하는지 의문스러울 따름이다.

---

* 시간 영양학(Chrono-nutrition) : '먹는 시간'이 건강에 큰 영향을 미친다는 이론. 생체시계에 맞춰 음식을 섭취하는 편이 바람직하다고 주장한다.

아침 빵이 안 되는 이유 ②

탄수화물의 무한 반복에 빠진다

'아침 빵'을 삼가야 하는 또 다른 이유는 그것이 아침 이후의 식사에도 영향을 끼치기 때문이다.

혈당치가 오르면 인슐린이 분비되어 혈당을 낮추는데, 혈당 스파이크가 일어난 뒤에는 필요 이상으로 낮아지는 경우가 많다. 이것을 '기능성 저혈당증'이라고 부른다.

저혈당이 오면 '혈당이 떨어졌다'라는 정보가 뇌에 전달되어 자연스레 당질을 함유한 음식이 당기게 된다. 그렇다보니 아침이 빵이면 점심은 우동, 저녁은 파스타를 먹게 되는 탄수화물의 연쇄작용이 일어날 가능성이 높다.

실은 나 역시 그랬다. 기능성 저혈당증이 나타나면 아침을 먹었는데도 2시간 뒤에 배고픈 느낌이 들었다. 아침밥이 충분히 소화되지 않은 상태로 다음 식사를 섭취하게 되니 소화기관에 큰 부담이 왔다.

최근에는 저당질·고지방의 아침 식사가 적절한 포만감으로 이어져 하루 동안 혈당치를 조절하는 데 도움이 된다는 연구 결과도 보고되었다.

즉, 아침을 먹지 않거나 탄수화물을 배제한 식단(이를테면 달걀 요리처럼 혈당 스파이크를 일으키지 않는 음식)을 섭취해야 아침 이후에도 '혈당이 잘 오르지 않는 메뉴'를 고르게 되는 것이다.

당질이 당질을 부르는 '당질 과다'의 무한 반복은 탄수화물 대사(당대사)를 이해하면 당연한 현상이지만, 정작 본인은 그것이 일어나고 있는 줄 모르기 때문에 알아차리기가 어렵다.

혈당을 낮추는 호르몬

어떤 사람의 몸무게가 60kg이라면 그의 혈액량은 약 5L이고, 혈액 속 포도당의 총량은 표준 혈당치(100mg/dL)를 기준으로 환산했을 때 5g 정도이다.

다시 말해 사람의 혈액 속에는 포도당이 총 5g만 있어도 충분하다. 생각보다 포도당의 필요량이 적어서 놀랐는가?

만약 식사로 당질을 섭취하지 않는다면 어떨까? 혈당이 뚝 떨어져서 뇌에 에너지를 공급하지 못하게 될까?

시간당 소비되는 당질은 대략 5~6g(뇌에서 약 4g, 적혈구에서 약 2g)이며, 이때 필요한 최소한의 포도당조차 간에서 지방과 단백질을 가지고 만들어낼 수 있다. 이를 '포도당 신생합성(Gluconeogenesis)'이라고 한다.

혈당은 이 '포도당 신생합성'에 의해 적정치인 100mg/dL로 관리되기에 원래는 외부에서 당질을 보충하지 않아도 혈당치가 유지된다. 원래부터 식사에 의지하지 않고 혈당치를 유지하는 시스템이 있는데, 식빵 1장의 당질(각설탕 8개분)을 섭취한다면 그것이 이 섬세하고 정밀한 시스템을 얼마나 뒤흔들지는 누구나 상상할 수 있으리라.

포도당 신생합성의 회로는 호르몬에 의해 조절된다. 글루카곤, 아드레날린, 코르티솔, 성장호르몬 등이 혈당을 높이는 역할을 하고 인슐린이 혈당을 낮추는 역할을 한다.

혈당을 높이거나 낮추는 호르몬은 비유하자면 각각 액셀과 브레이크에 해당한다. 그런데 열거했다시피 액셀은 여러 개 있는 반면 브레이크는 하나밖에 없다.

이로 미루어 알 수 있는 점은, 본디 인간에게는 혈당치를 유지하기 위해 식사로 당질을 섭취하는 일 자체가 그리 필요치 않다는 것이다.

인슐린은 이자(췌장)에서 분비되는 호르몬의 일종으로 탄수화물대사를 조절하여 혈당치를 일정하게 유지하는 작용을 한다. 분비 방식은 24시간 분비되는 '기초 분비'와 식후 혈당 상승에 맞춰 분비되는 '추가 분비'로 나뉜다.

혈당이 계속 높은 상태가 유지되어 유일한 브레이크인 인슐린이 장기간 혹사당하면 고갈되거나 약해지고 마는데, 이런 상태를 당뇨병이라고 한다. 반면 혈당을 높이는 호르몬이 고갈되거나 약해지는 현상은 웬만해서는 없다.

아침 빵이 안 되는 이유 ③

자율신경의 균형이 무너진다

우리 몸의 내장 작용과 혈액순환은 말초신경계의 자율신경에서 조절한다. 자율신경은 '교감신경'과 '부교감신경'으로 이루어져 있다. 몸이 활동할 때에는 교감신경이 우세해지고, 휴식할 때에는 부교감신경이 우세해진다.

낮(깨어있을 때)에는 교감신경이 우위에 있으므로 몸속을 순환하는 혈액의 양이 증가하고, 소화기관의 움직임은 억제된다. 밤에는 부교감신경이 우위에 있으므로 심박수가 감소하고, 소화기관의 움직임은 활발해진다.

아침은 자율신경이 부교감신경에서 교감신경으로 전환되는 중요한 시간대이기에 자율신경을 어지럽히는 행위는 삼가야 한다. 이때의 컨디션을 조절하는 일이 하루의 질(몸과 뇌의 활동력)을 높이는 데도 중요하기 때문이다.

자율신경 연구에서도 당이 입속에 들어오면 이자를 제어하는 교감신경이 억제되고, 부교감신경이 촉진된다는 점을 지적한다.

아침에 수분(물, 차, 커피 등)을 섭취하거나 가볍게 운동하는 정도라면 권장할 만하다. 하지만 빵처럼 위 속에서 팽창하여 장시간 머무르고, 혈당치를 급상승시키는 음식을 섭취하는 것은 몸의 균형을 무너뜨리는 행위에 불과하다.

위 속에서 팽창하여 장시간 머무르는 음식을 아침에 먹으면 부교감신경이 우세해진다. 애써 아침때 일어나서 교감신경으로 전환했건만 다시 부교감신경이 우위를 차지해 버린다. 이렇게 되면 일에서 역량을 발휘하기도 어려워진다.

아침이 오면 적당한 시간에 일어나고, 배가 고프면 사냥하러 가고, 밤이 되면 잠자는 단순한 생활을 했던 원시시대에는 아마 교감신경과 부교감신경의 전환이 원활했을 것이다.

하루에 8시간 일하고, 삼시 세끼를 먹고, 날이 저물어도 밝은 전등 아래서 활동을 계속하며 스트레스로 가득 찬 나날을 보내는 현대에는 교감신경과 부교감신경의 전환이 순조롭게 이루어지기 어렵다.

이를 의식하여 적어도 아침 시간대에는 몸의 균형을 뒤흔드는 빵 같은 음식은 끊고, 자율신경을 교란하지 말아야 한다.

교감신경과 부교감신경

교감신경		부교감신경
확장	눈동자	축소
분비 억제	눈물샘	분비 촉진
분비 억제	침샘	분비 촉진
수축	혈관	팽창
분비	땀샘	(작용하지 않음)
심박 증가 근력 증진	심장	심박 감소 근력 감퇴
이완	쓸개	수축
운동 억제 분비 억제	소화기관	운동 촉진 분비 촉진
이완	방광	수축

빵을 끊지 못하는 이유 ①

밀의 의존성은 마약과 같다

아는 사람도 있겠지만 빵의 주원료인 밀 그리고 쌀은 중독성이 높은 식품이다.

실제로 고기를 먹고 싶을 때보다 빵이나 면류를 먹고 싶을 때 '식욕이 확 돋아서 무심코 먹어버린' 경험이 다들 있을 것이다.

밀 중독(탄수화물 중독)이라고도 불리는 이러한 상태는 빵을 끊지 못하는 원인 중 하나이다.

밀은 소화되면 엑소르핀(모르핀과 유사한 구조식을 가진 호르몬)으로 변화하여 뇌에 있는 모르핀 수용체와 결합해 화학적 쾌감을 선사한다.

밀 섭취와 도파민 분비 과정

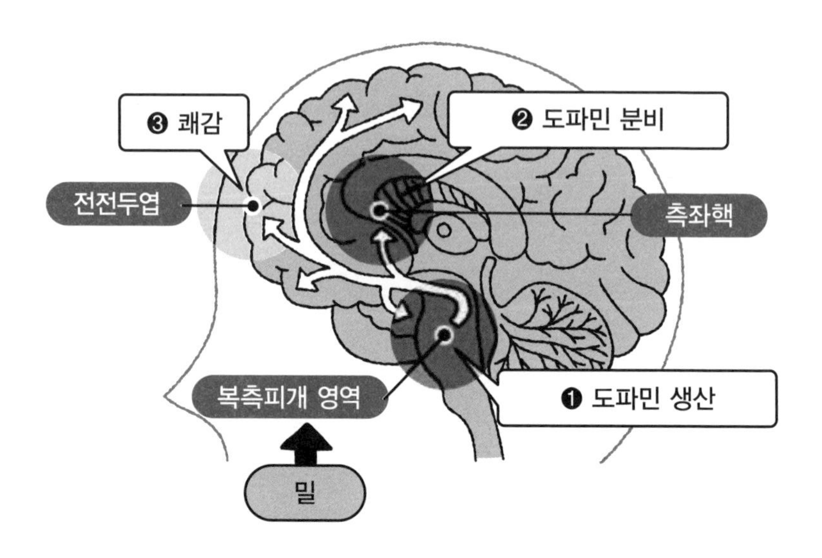

이러한 밀가루 중독은 알코올, 대마, 니코틴 의존증과 구조가 거의 똑같은 반면 과다복용한 사실은 잘 인식되지 않아 꽤 까다로운 의존증이다.

밀과 쌀을 이런 식으로 취급하자니 "예전부터 먹었고, 굶주린 사람들을 구원해온 음식을 술이나 담배처럼 취급하지 마라"라는 반론이 나올지도 모르겠다.

확실히 빵은 몸을 움직이게 하는 에너지원이 되므로 업무

시간에 금지되는 술과는 큰 차이가 있다.

그러나 밀에 함유된 탄수화물이 혈당치를 올릴 때 뇌의 측좌핵(Nucleus Accumbens)을 자극해서 도파민을 분비시키는 현상은 사실상 다른 중독 물질과 다르지 않다.

밀의 의존성이 까다로운 이유는 알코올이나 니코틴과 달리 외관상 보이는 컨디션 저하를 일으키지 않기 때문이기도 하다. 밀을 많이 먹었다고 과음했을 때처럼 갈지자로 걷는다거나 줄담배를 피운 뒤처럼 숨이 차는 상황은 벌어지지 않는다.

밀을 먹은들 인슐린이 분비되어 졸음이 오는 정도가 고작이라 몸에 해로운 물질로 인식되기 어렵다는 점이 문제다. 그러나 혈당치가 올라서 인슐린이 추가로 분비되는 상황 자체가 인체에는 비상사태나 다름없다고 할 수 있다.

빵을 끊지 못하는 이유 ②

편의성과 경제성이 지나치게 좋다

나도 젊어서는 빵 아니면 주먹밥으로 아침을 때울 때가 많았다. 혼자 살았고, 아침을 차려먹는 것은 꿈도 못 꿀 상황이었기에 아침은 보통 편의점이나 직장 매점에서 빵을 사 먹었다.

빵은 다른 일을 하면서도 간단히 먹을 수 있고, 먹으면 속이 든든하다는 특징이 있다. 게다가 값이 싸고, 심지어 맛있으니 충분히 아침 식사로 보급될 만하다.

빵을 파는 기업에서 이런 장점을 놓칠 리 없다. 소화기관 입장에서는 아침부터 소화하기 힘든 빵이 들이닥쳐 견딜 재간이 없겠지만 말이다.

빵을 먹자마자 엄청나게 배가 아프다든가 곧장 탈이 난다면야 습관을 재고해보겠지만, 단점이 생활습관병 같은 장기적인 문제밖에 없으면 편의성을 우선하고 마는 것이 인간의 심리이다.

빵은 의학적으로 보면 영양가가 높은 식품이 아니다. 혈당 스파이크를 일으켜 몸에 해를 끼친다는 점에서는 케이크나 컵라면이나 빵이나 오십보백보다.

그런데도 빵을 먹을 때는 라면이나 케이크를 먹을 때 같은 가책조차 느껴지지 않는다.

물론 빵을 끊고 몸 상태가 좋아졌다는 실감이 들면, 많은 사람이 아침에 빵을 끊거나 빵 대신 소화하기 편한 음식(달걀 요리 등)을 먹거나 아예 금식하기를 택한다.

빵을 끊지 못하는 이유 ③

배에서 꼬르륵 소리가 날까봐

"아침에 빵을 먹지 말아보세요"라고 설명했을 때, 한 여성 환자의 대답을 듣고 깜짝 놀란 적이 있다.

"선생님, 빵을 안 먹으면 속이 든든하지 않아서 점심때 전에 꼬르륵 소리가 나요. 그게 창피해서 빵을 먹고 있는데, 빵이 안 된다면 뭘 먹어야 좋을까요?"

소화기과 의사로서는 내심 이렇게 생각했다.

'배가 꼬르륵거리는 건 소화기관이 텅 비어서 드디어 쉴 수 있겠다는 신호 중 하나예요. 꼬르륵거리지 않도록 늘 배를 채워두면 위장이 지쳐버립니다.'

하지만 환자에게 이런 말을 해도 들을 것 같지는 않았다.

진료를 마친 뒤 클리닉의 다른 여성 직원에게 환자가 했던 이야기를 전하자 "아, 맞아요! 저도 그래요!"라고 격렬하게 공감을 표했다.

그 환자도 여성 직원도 '빵은 든든한 음식'이라는 점과 '든든한 음식은 위에서 잘 소화되지 않는다'라는 점을 이미 체감으로 잘 알고 있었다. 그저 '다른 사람에게 꼬르륵 소리가 들리면 창피하다'라는 마음이 더 컸을 따름이다.

여성들이 많이 하는 이러한 고민도 빵을 끊지 못하는 이유 중 하나인 듯싶다.

제2장

오해로 범벅된 소화·흡수의 원리

여기까지 '아침 빵'이 어떻게 몸에 해로운지를 설명했다. 이번 장에서는 탄수화물을 먹었을 때, 위장에서 어떤 식으로 소화·흡수가 진행되는지를 다른 영양소(단백질과 지질)와 비교하여 살펴보고자 한다. '더부룩함의 원인은 기름'이라든가 '고기는 소화가 안 된다'라는 오해를 해명하고 소화·흡수의 원리를 생리학적으로 설명하겠다.

더부룩함의 원인은 기름이 아니다?

여러분에게 질문이 있다. 먼저 소화하기 쉬운 음식과 소화하기 힘든 음식을 떠올려보라. 어쩌면 많은 사람이 다음과 같이 생각했을 것이다.

- 소화하기 쉬운 음식 : 밥(죽 포함), 우동, 메밀국수, 파스타, 채소
- 소화하기 힘든 음식 : 고기류, 기름(식물성·동물성 모두)

탄수화물이 잘 소화되지 않는다는 사실은 앞에서 이야기했지만 고기와 기름은 어떨까? 아마 소화가 잘되지 않는다고 생각하는 사람이 많지 않을까?

내가 운영하는 소화기과 클리닉에는 속이 더부룩한 증상으로 내원하는 사람도 많다. 여러분도 속이 더부룩함을 느낀 경험이 있을 텐데, 대체 이 더부룩함의 원인은 무엇일까?

"돈가스 덮밥을 먹었더니 속이 더부룩해졌다."

"튀김 우동을 먹고 속이 더부룩해졌으니까 기름이 문제다."

더부룩해지기 전에 무엇을 먹었느냐고 물으면 기름진 식사를 떠올리는 사람이 수두룩하다.

고열로 조리되어 산화한 기름은 몸에 좋지 않다. 그렇다고는 하나 일반적인 식사에서 중량을 많이 차지하는 쪽은 밥과 우동이다.

10만 명의 위장을 진찰한 소화기관 전문의로서 말하건대 더부룩함의 주된 원인은 탄수화물 혹은 '탄수화물+산화한 기름'의 조합이다.

더부룩함의 주범은 탄수화물!

'프롤로그'에서 썼다시피 당질 제한을 시작하자 나의 몸에는 큰 변화가 찾아왔다.

고기가 소화하기 힘들기는커녕, 고기만 먹었더니 소화가 너무 잘되어서 금방 위 속이 텅 비는 느낌이 들었다.

처음에는 돼지 등심을 한 덩이씩 먹었다. 그러다가 부족해서 두 덩이, 많을 때는 세 덩이까지 먹었는데도 편안한 포만감이 들 뿐 더부룩함은 전혀 없었다.

당질 제한을 시작했을 당시에는 당질이 없어도 에너지가 부족해지지 않도록 당질 대신 지질, 그러니까 돼지비계라든가 기름이며 버터도 아낌없이 써서 고기를 구워 먹었다. 그랬는데도 속은 더부룩해지지 않았다.

더부룩함의 원인으로 꼽히는 지질과 단백질을 도저히 범인이라고 생각할 수 없었다.

한 번은 실험 삼아 고기에 밥을 곁들였다. 그러자 다 먹기 무섭게 위가 찢어질 듯한 팽만감이 들면서 폭풍 같은 트림이 올라왔다.

밥의 양은 평범한 밥그릇으로 한 공기였다. 일반적으로 봐도 그다지 많은 양이 아니건만 이런 상태가 되다니, 외식할 때 먹는 정식이나 소고기덮밥은 밥 양이 지나치게 많구나 싶었다.

그러한 실제 체험을 바탕으로 더부룩함의 주범은 탄수화물이라는 생각에 도달했다.

인터넷에서 성분별 소화시간을 검색하면 탄수화물이 2~3시간, 단백질이 4~6시간, 지질이 12~24시간이라는 정보가 나온다.

소화시간의 정의(소화에만 드는 시간인지, 흡수까지 포함한 시간인지)조차 표시하지 않은 이러한 정보는 간접적으로 전해들은 내용일 가능성이 크기 때문에 자료로서의 신빙성이 낮다. 그러나 내용 자체는 의학계에 퍼져있는 상식과 일치하긴 한다.

이러한 상식대로라면 고기는 소화하기 힘든 음식이어야 한다. 그렇다면 고기만 먹어도 속이 거북해야 할 것이다.

그러나 내가 몸소 겪은 바로는 그렇지 않았다. 과거의 의학

상식과 실제 체험 사이에 괴리가 발생한 것이다.

나는 소화기과 의사로서 소화하기 쉬운 음식과 소화하기 힘든 음식을 환자에게 설명할 때가 있다. 환자의 건강을 위할 의무가 있는 소화기과 의사로서 기존 의학계의 상식과 다른 소리를 할 수는 없었다. 무엇을 어떻게 전달하면 좋을지 고민하는 나날이 이어졌다.

탄수화물은
소화가 잘된다는 오해

그러던 참에 급격한 복통으로 내원한 환자를 진찰하게 되었다.

환자는 초밥을 먹고 5시간이 지난 뒤에 극심한 복통이 시작되었다고 말했다. 날생선 섭취 후 단시간 내에 발생하는 격렬한 복통은 기생충인 아니사키스(고래회충)가 가장 의심되는지라 즉시 내시경 검사를 진행했다.

결과부터 말하면 아니사키스는 없었다. 초밥 재료도 완전히 소화되어, 보이지 않았다. 위 속에 남아있는 물질은 밥알뿐이었다.

초밥 생선의 구성성분은 고기와 마찬가지로 단백질과 지질이다. 만약 고기가 잘 소화되지 않는 음식이라면 같은 단백질인 생선도 소화가 안 되어야 마땅한데, 조금도 남아있지 않았다.

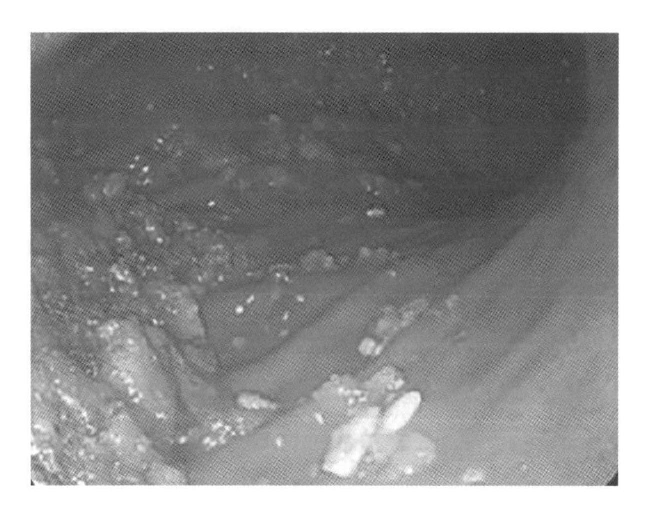

초밥을 먹고 5시간이 지난 뒤의 위내시경 사진. 밥알은 다량 있으나 초밥 재료는 남아 있지 않다(저자 촬영).

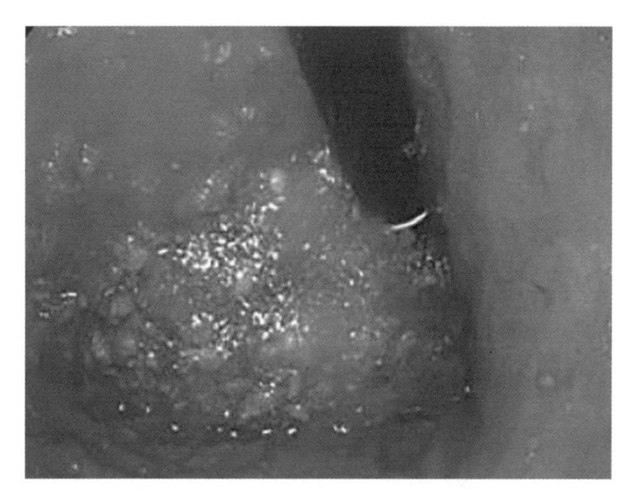

위내시경을 위 속에서 반전한 상태. 밥알뿐이고, 초밥 재료는 남아 있지 않다(저자 촬영).

일반적으로 알려진 바와 같이 고기(단백질)가 더부룩함의 원인이라면 왜 단백질이 위 속에 남아있지 않을까? 이 사례를 만나기 전까지는 나 역시 깊게 생각해보지 않았다.

소화기과 의사이면서도 세상의 상식대로 '고기는 소화가 안 되고, 탄수화물은 잘된다'라는 인식밖에 없었기 때문이다.

탄수화물은 위에서 분해되지 않는다

소화와 흡수는 몸을 유지하는 데 필수적인 과정이다. 입으로 섭취하는 단백질과 지질, 탄수화물은 고분자 화합물이라 그대로는 몸속에 스며들지 않는다. 고분자 화합물은 저분자 화합물로 분해되어야 비로소 몸속에 스며들 수 있는 상태가 되는데 이 과정이 '소화'이다. 이렇게 소화된 저분자 화합물이 몸속에 스며드는 것을 '흡수'라고 한다.

음식물의 소화가 제대로 이루어지면 그 성분을 재구축하여 몸의 에너지나 새로운 세포를 만드는 데 이용된다. 반대로 음식물이 충분히 소화되지 않으면 불순물이 섞이고, 세포의 재구축에도 지장이 생긴다. 이것은 다양한 질병을 일으키는 원인으로 작용하기도 한다.

우리가 입으로 먹는 탄수화물은 대개 이당류와 다당류이다.

쌀, 빵, 면, 고구마, 감자 등의 탄수화물은 다당류에 해당한다. 음료수 등에 함유된 포도당, 과당은 단당류이다.

단당류는 더는 분해되지 않는 최소 단위의 당류여서 소화가 필요하지 않으며, 그대로 소장에 흡수된다.

그럼 탄수화물이 어떻게 소화되는지 그 과정을 살펴보자. 소화의 과정은 크게 둘로 나뉜다. 하나는 이로 씹거나 위와 장 속에서 근육의 움직임으로 분쇄하는 '기계적 소화'이다. 다른 하나는 침 혹은 위액에 포함된 소화효소로 분자 단위까지 분해하는 '화학적 소화'이다.

탄수화물은 입속에서부터 씹는 작용으로 인한 기계적 소화와 침샘에서 분비되는 아밀레이스라는 소화효소에 의한 화학적 소화가 동시에 이루어진다.

녹말과 같은 다당류는 수천에서 수만 개의 포도당이 연결된 거대한 분자다. 원상태 그대로는 소장에 흡수되지 않아 화학적 소화가 필요하다.

그다음에는 식도를 거쳐 위로 이동한 뒤 위액과 뒤섞인다. 위액과 뒤섞인 탄수화물은 반액체 상태가 되어 위의 꿈틀운동(연동운동)과 함께 소장으로 이동한다.

소장에 도착한 반액체 상태의 탄수화물은 이자에서 분비되

3대 영양소의 흡수

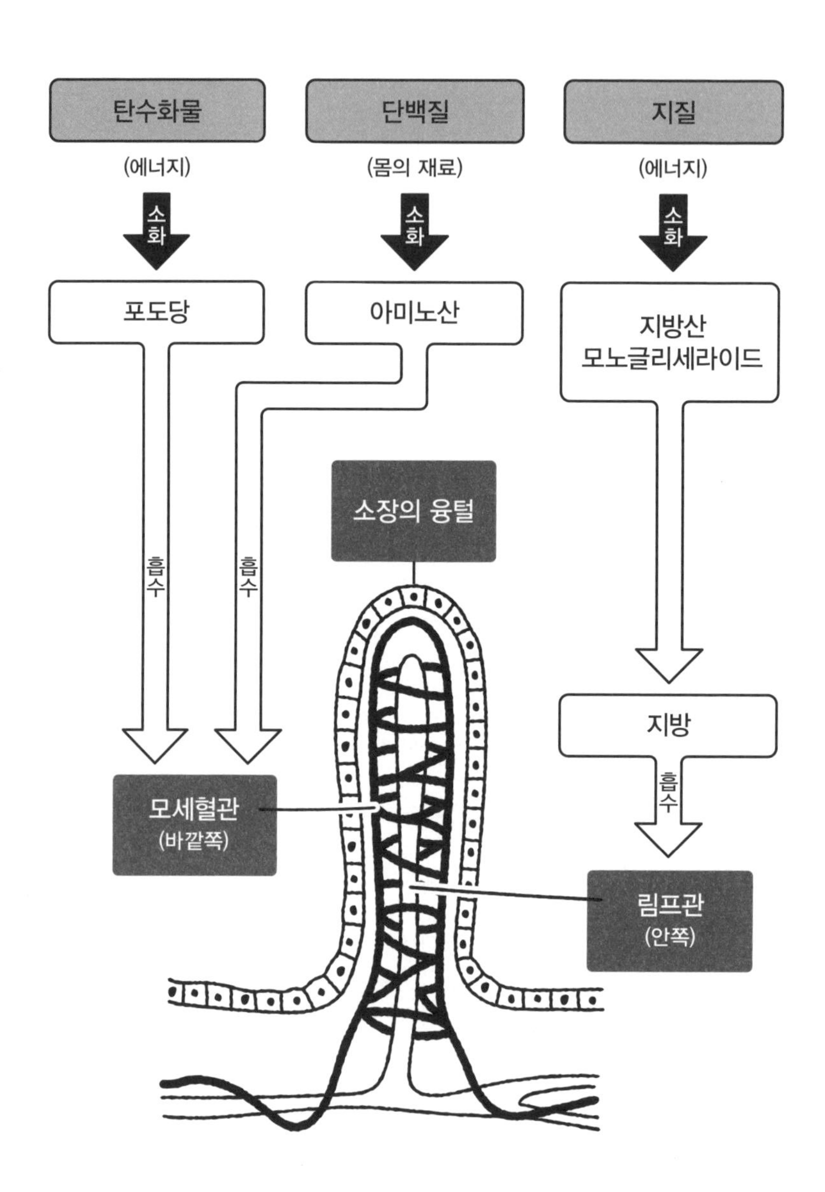

탄수화물
(에너지)
소화
포도당
흡수
단백질
(몸의 재료)
소화
아미노산
흡수
지질
(에너지)
소화
지방산
모노글리세라이드
지방
흡수
소장의 융털
모세혈관
(바깥쪽)
림프관
(안쪽)

는 아밀레이스에 의해 다시 한 번 화학적으로 소화·분해되고, 소장의 융털을 통해 흡수된다.

여기까지 탄수화물이 소화되는 과정을 살펴보았다.

이미 알아차린 사람도 있겠지만 정작 위에서는 화학적 소화도 일어나지 않고, 이렇다 할 역할이 없다. **실제로 위는 탄수화물의 분해(화학적 소화)에 그다지 관여하지 않는다.**

중요한 소화기관인 위가 탄수화물 소화에 관여하지 않는 이유는 무엇일까?

위의 주된 역할은 다음의 3가지이다.

① 음식물 저장 및 유동화(액체화)

② 음식물과 함께 들어온 세균의 살균

③ 펩시노젠 분비

구체적으로는 위에 음식물이 들어왔을 때 분비되는 가스트린이라는 호르몬에 의해 위산과 펩시노젠이라는 소화효소가 분비된다. 이것은 어디까지나 단백질을 분해하기 위한 작용으로 위산이 단백질의 구조를 대충 파괴하면 펩신(펩시노젠이 변화한 물질)이 마저 분해한다.

요컨대 위에서 이루어지는 화학적 소화의 목적은 '단백질 분해'이지, 다른 영양소의 소화가 아니다.

탄수화물의 주성분인 녹말은 위산과 펩신의 영향을 잘 받지 않는다. 탄수화물의 관점에서 보면 위는 식도처럼 통과하는 기관일 따름이다(위액과 뒤섞여 위의 꿈틀운동으로 이동하는 기계적 소화는 이루어진다).

소화기관의 생리를 고려해도 앞에서 설명한 현상(초밥의 재료가 소화되었는데 밥알은 남아있는 상태)은 사실 당연한 일이다.

소화기관은
탄수화물이 버겁다

그렇다면 탄수화물 이외의 다른 영양소는 어떤 과정으로 소화될까?

단백질과 지질의 소화 과정은 다음과 같다.

단백질

씹기(기계적)

위에서 위산과 단백질 분해효소인 펩신에 의해 분해(화학적)

소장에 도착하면 이자에서 나온 트립신과 트립토판에 의해 분해(화학적)

아미노산이 되어 소장으로 흡수

지질

씹기(기계적)

위(기계적 소화에 동반한 유화[乳化])

소장에 도착하면 이자에서 나온 리페이스와 쓸개에서 나온 쓸개즙산에 의해 분해(화학적)

림프관으로 흡수

소화 과정상의 화학적 소화와 관련하여 각 영양소에 공통되는 점은 최종적으로 이자액에 의해 분해된다는 사실이다.

이자에서 나오는 이자액은 탄수화물, 지질, 단백질을 소화하는 효소가 모두 포함된 만능 소화액이나 다름없다.

하지만 모든 영양소에 똑같이 분비되지는 않는다.

단백질이나 지질이 소장에 도달하면 이자에서 각 영양소에 대응하는 소화효소(이자액)의 분비가 현저하게 촉진(자극)된다. **그러나 탄수화물이 소장에 도달했을 때는 단백질과 지질에 비해 적은 소화효소가 분비된다는 것이 연구로도 밝혀졌다.**

탄수화물은 소화액(이자액) 분비를 덜 자극하는 영양소이기에 소화의 핵심이자 마지막 보루인 이자액마저 탄수화물 소화에는 중점을 두지 않는 것이다.

그 이유는 700만 년의 인류사에서 농경이 시작되기 이전의 약 699만 년 동안은 탄수화물을 대량으로 먹을 일이 없었기에 인간의 몸에 대응책이 마련되지 않아서로 추정된다.

정확한 소화시간은 밝혀지지 않았다

이런 생리적인 사실이 엄연히 존재하는데도 왜 '탄수화물은 소화가 잘된다'라는 사회적·의학적 상식이 생겨났을까?

우리가 일상에서 접하는 소화시간에 대한 정보는 '순수한 소화시간'이 아니라 '소화 및 흡수에 걸리는 시간'을 나타낸 경우가 많다.

가령 고기가 소화·흡수되는 데 24시간이 걸린다는 정보는 소화·흡수를 거쳐 신체조직에 이용되기까지 걸리는 시간을 나타낸다.

곧이곧대로 받아들이면 고기는 섭취 후 24시간이 지나기 전에는 먹지 말아야 한다는 뜻이 되므로 현실적이지 않다.

실생활에서 식사를 챙길 때 필요한 정보는 먹은 음식의 순수한 소화시간이다.

따라서 소화시간은 음식물이 위에 머무르는 시간과 소장에서 소화되는 시간으로 나누어 생각하는 편이 낫다. 일상에서 다음 식사를 언제 먹을지 판단하는 기준은 대체로 '위 속이 비었는가'이기 때문이다. 흡수되는 시간을 기준으로 삼는 사람이 과연 얼마나 있겠는가.

단, 실제로 소장에 음식물이 도달했을 때 어디서부터 소화효소에 의해 소화되고, 어디서부터 융털로 흡수되는지를 조사하기는 어렵다. 명확하게 나뉘는 과정이 아닌지라 의학적으로도 정확한 것은 밝혀지지 않았다.

소화시간은 영양소에 따라 다르다

그래서 각 영양소의 소화시간을 ① 위에 머무르는 시간, ② 소장에서 소화·흡수되는 시간, ③ 소화된 성분이 이용되기까지 걸리는 시간으로 나누어 산정해보았다.

① 위에 머무르는 시간

- 단백질 : 30분~1시간
- 지질 : 30분~1시간
- 탄수화물 : 4~8시간

위에 머무르는 시간은 과거의 내시경 검사 경험과 과학적으로 밝혀진 단백질 제제의 소화시간을 토대로 도출했다.

지질은 위에서는 분해(화학적 소화)되지 않고, 단백질과 함께 샘창자(십이지장)로 운반된다.

섬유질로 이뤄진 탄수화물은 위산에 녹지 않아 위에 머무르는 시간이 길다(단, 액상 당질은 곧장 샘창자로 흘러간다).

② 소장에서 소화·흡수되는 시간

- 단백질 : 30분가량
- 지질 : 30분가량
- 탄수화물 : 15~30분

소장에서 소화·흡수되는 시간은 각 영양소를 섭취했을 때의 혈당치 변화를 바탕으로 도출했다.

③ 흡수된 성분이 이용되기까지 걸리는 시간

- 단백질 : 5~6시간 이내
- 지질 : 12시간 이내
- 탄수화물 : 흡수 직후부터 이용

흡수된 성분이 신체조직에서 이용되기까지 걸리는 시간은 인슐린이 분비되는 시간을 바탕으로 추정했다. 인슐린은 동화(同化, 근육과 뼈를 만들거나 에너지를 비축한다) 호르몬이므로 인슐린의 추가 분비가 일어나는 시간이 흡수된 영양소가 조직에서 이용되기까지 걸리는 시간이라고 볼 수 있다.

당질(탄수화물)은 그 자체가 에너지원이라 곧바로 이용되는 반면 체세포의 구성성분이기도 한 단백질과 지질은 이용되기까지 시간이 걸린다.

위의 추정치로 미루어본 소화·흡수의 실태는 다음과 같다.

- 탄수화물은 소장에서 빠르게 흡수되지만, 위에 머무르는 시간이 길다.
- 단백질은 소장에서 흡수된 뒤 이용되기까지 시간이 걸리지만, 위에 머무르는 시간은 짧다.
- 지질은 림프관으로 흡수되기에 소장에서의 흡수에는 시간이 걸리지만, 위에 머무르는 시간은 짧다.

빵 혹은 주먹밥을 먹어야 속이 든든하다고들 하는 까닭은 탄수화물이 위에 머무르는 시간이 길어서이다. 한편으로는 흡수가 빨라 급속히 혈당 스파이크를 일으키니 쉽게 소화된다는 오해가 생긴 듯하다.

단백질과 지질은 위에 머무르는 시간이 짧다보니, 고기나 생선만 먹으면 금세 배고픔이 느껴진다.

나의 일상에서 예시를 들면, 고기나 생선 위주로 구성된 프랑스식 코스 요리는 다 먹어도 어쩐지 배가 부른 것 같지 않아 2차로 라면집에 들러 마무리하게 될 때가 있다.

프랑스식 코스 요리는 버터와 기름이 듬뿍 들어갈망정 탄수화물이 적어서 겉보기와 달리 소화가 잘되기 때문이다.

요컨대 단백질, 지질, 탄수화물은 각각 소화되는 시간이 다르다. 이 '시간 차이'가 결과적으로 소화기관의 활동을 교란하여 일상에서 여러 증상과 질환을 일으키는 원인이 된다.

위에 머무르는 시간이 긴데,
왜 혈당이 바로 오를까?

여기까지 읽었다면 아마 아래와 같은 의문이 든 사람도 있을 것이다.

'빵과 밥이 위에서 화학적으로 소화되지 않고 머무르는 시간이 길다면 왜 식사하자마자 혈당이 오르는 걸까?'

빵이나 밥을 단독으로 먹었을 경우 혈당치가 정점에 도달하는 것은 약 60~90분 뒤이다. 만약 위에 머무르는 시간이 5시간이라면 혈당치도 5시간 뒤에 정점을 찍을 듯싶지만 실제로는 그렇지 않다.

어째서일까?

앞서 설명했다시피 탄수화물의 화학적 소화작용은 아밀레이스에 의해 일어난다. 위에서는 아밀레이스가 분비되지 않지만 입에서는 침을 통해 아밀레이스가 분비된다. 침 속의 아밀레이스와 씹는 작용으로 쌀이나 밀 속의 알파녹말 부분은 입에서부터 반액체화된다.

위로 넘어가더라도 위의 꿈틀운동에 의해 대량의 위액과 뒤섞여 신속히 소장까지 흘러가기 때문에 비교적 빨리 혈당치가 상승하는 것이다. 반면 침 속 아밀레이스가 분해하지 못한 녹말과 식이섬유 부분은 위액으로도 분해되지 않으니 긴 시간 위에 머무르게 된다.

단백질과 다량의 탄수화물을 함께 먹어서는 안 된다

우리는 보통 고기며 생선을 빵 또는 밥과 함께 먹는다. 이렇게 단백질, 지질을 곡물과 함께 먹는 식생활은 사실 소화기관에 큰 부담을 주는 원인이다.

소화기관은 입에서 항문까지 한 줄기로 이어져있다. 더구나 소화기관에는 음식물을 감지하는 몇 가지 센서와 그 센서의 정보에 근거하여 소화액 분비를 촉진하는 호르몬이 존재한다.

소화기관은 제멋대로 움직이는 것이 아니라 센서와 호르몬의 정보를 바탕으로 정밀하게 관리된다.

먼저 입으로 들어온 음식물이 위에 도달하면 위의 출구 부근에 있는 센서(G세포)가 그것을 감지한다. 그러면 가스트린(위산 분비를 촉진하는 호르몬)이 분비되어 위 속에서 단백질이 분해된다.

위 ➡ 소장 소화의 흐름

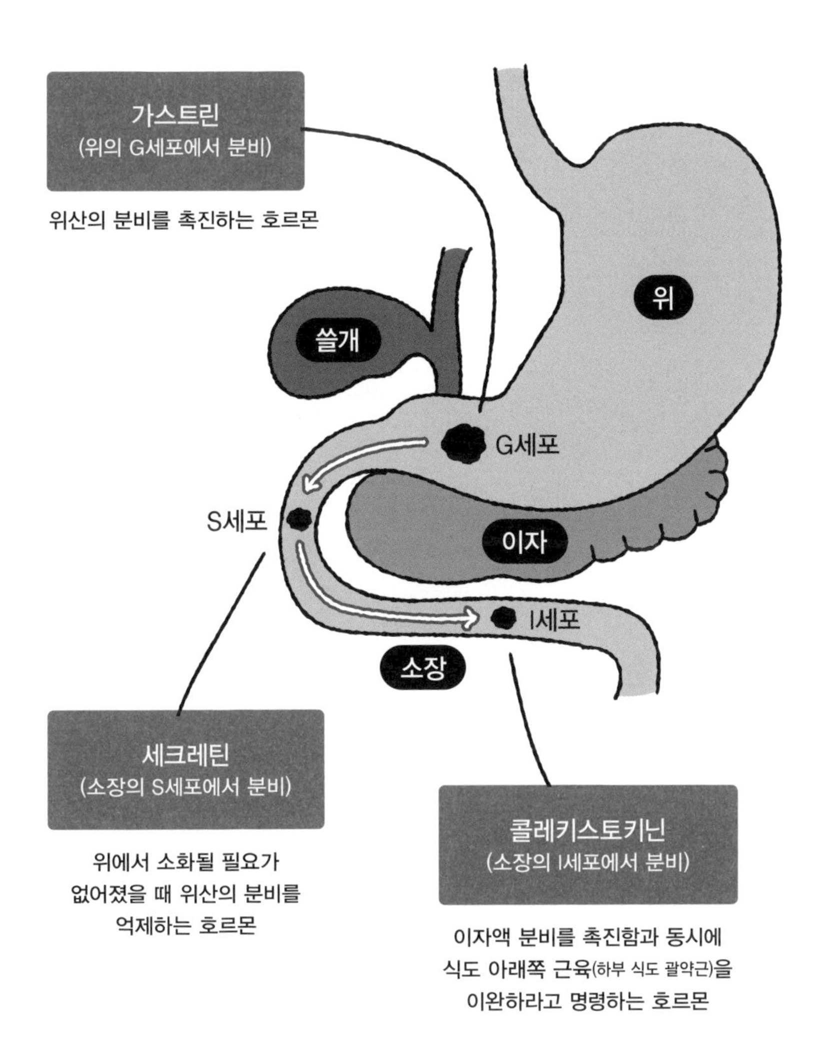

가스트린
(위의 G세포에서 분비)
위산의 분비를 촉진하는 호르몬
위
쓸개
G세포
S세포
이자
I세포
소장
세크레틴
(소장의 S세포에서 분비)
위에서 소화될 필요가
없어졌을 때 위산의 분비를
억제하는 호르몬
콜레키스토키닌
(소장의 I세포에서 분비)
이자액 분비를 촉진함과 동시에
식도 아래쪽 근육(하부 식도 괄약근)을
이완하라고 명령하는 호르몬

분해돼서 죽처럼 걸쭉해진 음식물은 위의 꿈틀운동에 의해 샘창자(소장의 첫 부분)로 운반된다.

운반된 음식물은 단백질이나 지방산 성분으로 센서를 자극한다. 센서에 자극이 가해지면 세크레틴, 콜레키스토키닌 같은 호르몬이 방출되어 이자와 쓸개에서 소화액인 이자액과 쓸개즙산이 분비된다.

소화는 이런 일련의 흐름 속에서 절묘하게 시기를 맞춰 진행된다.

역류성 식도염의 범인은 탄수화물!

소장에서 분비되는 호르몬에는 소화액 분비를 촉진하는 것 외에도 역할이 있다. 위의 활동을 억제하는 역할이다.

소장에 음식물이 도착하면 소화기관을 제어하는 시스템은 '위에서 소화가 끝났으니 위 속이 비었다'라고 판단한다. 그래서 세크레틴이 위산 분비를 억제하는 자극을 보내거나 콜레키스토키닌이 '하부 식도 괄약근을 이완해도 된다'라는 신호를 보내게 한다.

하부 식도 괄약근은 식도와 위가 연결되는 부분을 조이는 근육이다. 위 속에 음식물이 있으면 위산과 함께 음식물이 역류하지 않도록 오므라들고, 위가 비면 느슨해진다.

이러한 소화의 흐름은 단백질과 지질 위주의 식사를 할 때는 절묘한 연계 플레이로 전개되지만, 소화 시기가 다른 탄수화물을 함께 먹으면 상황이 돌변한다.

역류성 식도염이 발생하는 원리

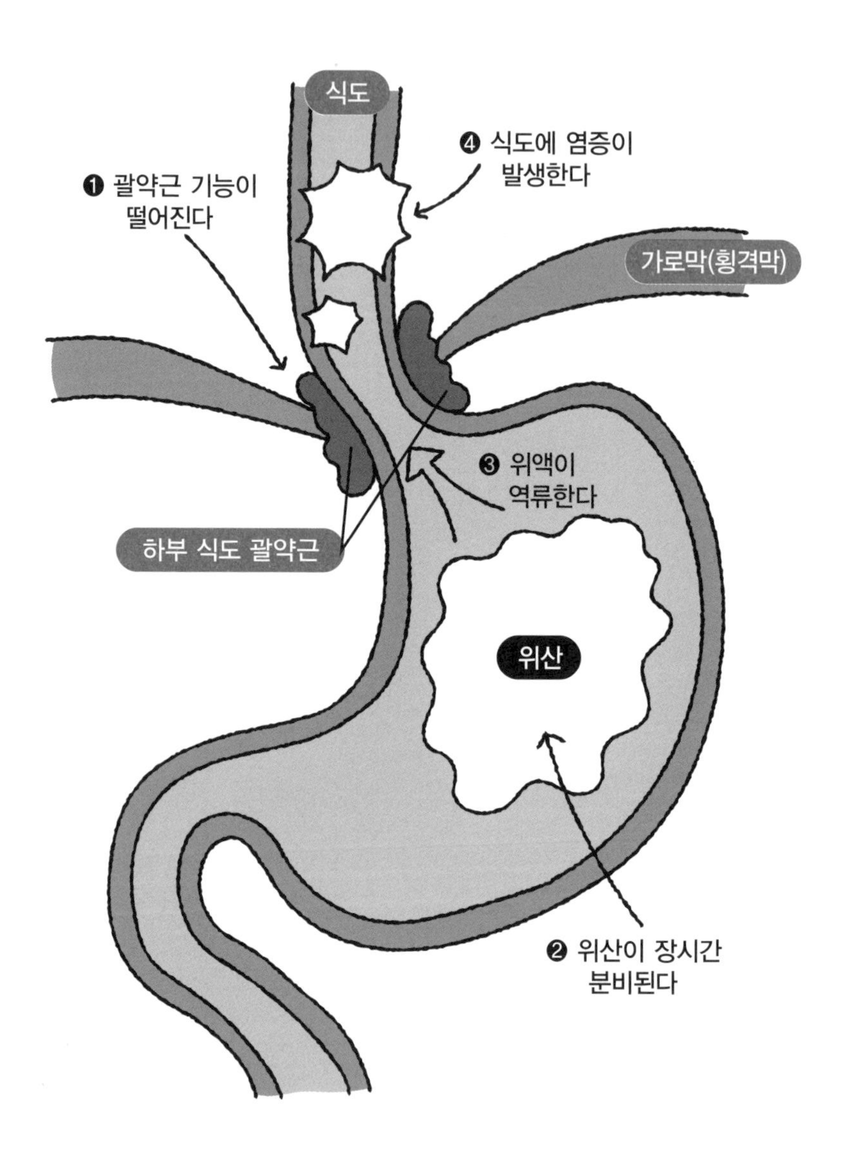

특히 탄수화물을 많이 함유한 곡물은 위에서 잘 소화되지 않기 때문에 소화가 빠른 단백질과 지질이 샘창자로 흘러간 뒤에도 오래오래 위 속에 머무른다.

이러면 위벽은 음식물이 소화되지 않았다고 판단하여 위액을 계속 내보내는데, 소장에도 이미 음식물이 도착한 상황이라 콜레키스토키닌의 자극으로 하부 식도 괄약근이 느슨해진다.

그 결과 트림이 많이 올라오는 증상이나 위액이 식도로 역류하는 역류성 식도염이 발생한다. 이 같은 호르몬과 위 활동의 연계 플레이를 미루어 봐도 곡물을 대량으로 먹는 행위는 소화기관에 부담이 될 뿐이다.

지질은 소화가 안 된다는 오해

소화기과 분야에서는 과식 아니면 지방 과잉 섭취를 역류성 식도염의 원인으로 본다. 지질을 분해할 때 분비되는 호르몬(콜레키스토키닌)이 하부 식도 괄약근을 이완하는 바람에 위산이 역류한다는 추론에서다.

예전에는 나도 이 논리를 믿었으나 당질 제한을 시작하고부터는 역류성 식도염의 범인이 다르다는 점을 확신하게 되었다.

그도 그럴 것이 지질은 단백질처럼 곧장 위에서 샘창자로 운반되어 쓸개즙과 이자액에 의해 조속히 분해된다. 따라서 단백질과 지질 위주로 먹으면 그것들이 분해될 무렵에는 위산 분비가 억제되고, 당연히 위 속도 텅 빈다.

이때는 콜레키스토키닌이 하부 식도 괄약근을 이완해도 아무런 문제가 없다.

하지만 위에 머무르는 시간이 긴 탄수화물을 함께 먹으면 위산이 장시간 분비되는 와중에 하부 식도 괄약근이 느슨해져서 위산이 역류하게 된다. 이 경우 역류성 식도염의 주범이 무엇이냐고 묻는다면 탄수화물 외에는 의심할 여지가 없다.

현대 의학은 '탄수화물은 소화가 잘된다'라는 전제를 바탕으로 구축되었기에 '지방이 나쁘다'라는 이론이 나온 것이다. 그러나 '탄수화물이 위에서 잘 소화된다'는 지식은 이제 과거의 유물이며, 생물학적으로는 잘못되었다.

나는 이 가설을 확인하기 위해 잠들기 전(소화가 가장 안 되는 시점)에 지방이 듬뿍 든 버터와 생크림만 먹고, 다음 날 아침에 속이 더부룩해지는지를 시험해보았다.

결과는 어땠을까? 전혀 더부룩하지 않았다.

다시 말해 **소화가 안 된다고들 하는 지방조차 단독으로 섭취하면 속이 더부룩해지지 않는다**는 소리다.

제3장

최적의 영양 균형과 당질에 대하여

여기까지 탄수화물이 위에서 잘 소화되지 않는다는 점과 일반적으로 소화가 힘들다고 여겨지는 고기, 즉 단백질과 지질은 잘 소화된다는 점을 설명했다. 일본 후생노동성에서 공표하는 식사 기준과 음식점에서 제공하는 정식 등은 탄수화물이 식사의 절반을 차지하도록 구성됐다. 이 기준은 사람들이 장수하지 못하던 시대에는 문제가 없었겠지만, 평균 수명이 80대 후반에 도달하여 '건강수명 연장'을 외치는 현시대에는 적합하지 않다. 이번 장에서는 건강수명을 늘리는 데 필요한 영양 균형에 대하여 생물학적 사실을 토대로 설명하고자 한다.

불합리한 3대 영양소 섭취 비율

인간이 건강을 유지하려면 3대 영양소를 어느 정도 비율로 섭취해야 이상적일까?

후생노동성에서 발표한 식사 섭취 기준에 따른 3대 영양소의 권장 비율은 단백질 13~20%, 지질 20~30%, 탄수화물 50~65%이다. 이에 따른 남녀의 하루 영양소 필요량은 다음과 같다.

- 단백질 : 남성 60~65g, 여성 50g,
- 지질 : 남성 60~90g, 여성 45~65g,
- 탄수화물 : 남성 330g, 여성 270g

무게를 보면 알 수 있듯이 탄수화물의 양이 두드러지게 많다. 300g의 설탕을 한번 상상해 보라. 어마어마한 양이라고 느껴지지 않는가?

당질은
인체 구성성분의 단 0.5%

식사로 섭취하는 영양소 중에서는 당질(탄수화물)의 비율이 유독 높다. 그렇다면 과연 인체는 어떤 성분으로 구성되어 있을까?

인체를 구성하는 성분은 수분이 55~65%, 지방이 15~20%, 미네랄이 5.8~6.0%, 단백질이 16~18%이며, 당질은 약 0.5% 정도라고 한다. **요컨대 인체는 수분을 제외하면 지방과 단백질을 중심으로 구성되어 있다.**

인체 구성성분의 0.5%를 차지하는 당질을 확보하기 위해 한 끼 식사의 절반 이상을 탄수화물로 할당해야 할까? 물론 영양소의 섭취 비율을 꼭 인체의 구성성분대로 결정할 필요는 없다. 그러나 위 구성을 볼 때 지질과 단백질을 충분히 섭취해야 한다는 것은 확실하다. 인간은 육식성에 가까운 잡식성이며, 섬유소 분해균에서 단백질을 얻지 못하는 동물이다. 그런 이상 음식도 체성분 비율에 가까운 균형으로 섭취해야 한다.

원래 당질은
필수 영양소가 아니다

단백질, 지질, 당질의 체내 역할을 생각해보자. 필수 아미노산(단백질)과 필수 지방산(지질)은 이름 그대로 의학적으로나 생리학적으로나 섭취하지 않고는 살아갈 수 없는 영양소이다.

반면 후생노동성이 섭취 기준으로 제시한 대량의 당질은 필수 영양소가 아니다. 생리학에는 필수 당질이라는 용어가 없다. 당질은 몸속에서 합성할 수 있기 때문이다.

생리학적으로 이렇게나 분명하건만 우리는 왜 당질을 과도하게 섭취할까?

이와 관련해서는 역사적인 배경도 있는지라 제6장에서 다시 설명할 텐데, 어느 시점의 표준적인 식사 유형에서 도출된 섭취 비율을 그저 답습하고 있을 따름이다.

최근에는 당질 제한이 과학적으로도 옳다는 것이 입증되고 있다. 1950년대에 '지방 악마론'을 주장하여 세계의 영양학을 크게 후퇴시킨 미국에서도 당질 제한을 인정하는 성명이 발표되었다.

일본의 후생노동성도 뒤늦게 다음과 같은 견해를 내놓았다.

"영양학적 관점에서 탄수화물의 주된 역할은 뇌, 신경조직, 적혈구, 세뇨관, 고환, 산소 부족 상태의 골격근 등 통상 포도당밖에 에너지원으로 이용하지 못하는 조직에 포도당을 공급하는 것이다. (중략) 뇌는 몸무게의 2% 정도를 차지하지만 기초대사량의 약 20%를 소비한다. 가령 하루 기초대사량이 1,500kcal라면 뇌의 에너지 소비량은 300kcal이고, 이는 포도당 75g에 해당한다. 앞서 언급했듯이 뇌 이외의 조직도 포도당을 이용하므로 포도당, 곧 소화성 탄수화물의 하루 최소 필요량은 대략 100g으로 추정된다. 단, 이것은 실제 음식으로 섭취해야 할 최소량을 의미하지는 않는다."*

* 「일본인의 식사 섭취 기준」(2020년 판).

즉, 후생노동성이 탄수화물의 권장 섭취량을 50~60%(당질량으로는 300g)로 설정했지만 과학적으로 보면 당질은 그렇게까지 필요하지 않다. 기초대사에 필요한 당질 100g도 탄수화물 식사로 섭취하는 것이 필수는 아니다. 이를 후생노동성에서 공식적으로 인정했다.

결국 인간의 신진대사에 필요한 당질은 하루당 100g 정도이다. 또한 이것을 최소 얼마큼 음식으로 섭취해야 하는지는 기준이 없다.

당질 제한식의 이상적인 영양 균형

현재 일본인의 평균 수명이 세계 1위가 되었으니 '후생노동성의 식사 기준이 틀렸을 리 없다, 지금 이대로 괜찮다'라고 여기는 사람도 있을 듯싶다.

그런데 정말 이대로여도 괜찮을까? 나는 아니라고 생각한다. 오래 살면 그만큼 의료비가 늘기 때문이다.

실제로 일본인 6명 중 1명은 당뇨병 환자 및 예비군이라고 한다. 이토록 많은 사람이 의료 서비스를 계속 받는다면 의료비가 얼마나 들지 상상도 가지 않는다. 장수하는 시대이기에 더더욱 건강하게 사는 시간(건강수명)이 중요하며, 그렇기에 필요한 것이 당질 제한이라는 개념이다.

생활습관병을 예방하고 치료하려면 식후 고혈당, 다시 말해 혈당 스파이크를 피해야 한다.

이 혈당 스파이크를 일으키는 영양소는 당질이므로 '식사 시 섭취하는 당질의 양'에 상한선을 설정할 필요가 있다.

당질 제한식의 영양소 비율은 아래와 같다.

- 엄격한 당질 제한식의 비율 : 지질 60%, 단백질 32%, 당질 8%
- 평범한 당질 제한식의 비율 : 지질 60%, 단백질 30%, 당질 10%
- 느슨한 당질 제한식의 비율 : 지질 50%, 단백질 36%, 당질 14%

당질 제한식에서 목표하는 하루 당질 섭취량은 엄격하게 진행할 때는 30g, 느슨하게 진행할 때는 130g이다.

느슨한 당질 제한식을 해도 일반적인 식사보다 당질 섭취량이 적지만(2분의 1 혹은 3분의 1 수준) **되도록 하루 100g 이하로 섭취하기를 권장한다.**

이것을 기준으로 당질의 상한선은 개인에 따라 달라진다. 예를 들어 비만이나 고혈압, 심혈관 질환 등의 지병이 있는 사람이라면 당질을 엄격하게 제한해야 하고, 지병이 없더라도 쭉 건강한 생활을 유지하고 싶다든가 업무 효율을 높이고 싶은 사람이라면 느슨하게 제한해도 상관없다.

당질 제한식의 영양소 비율

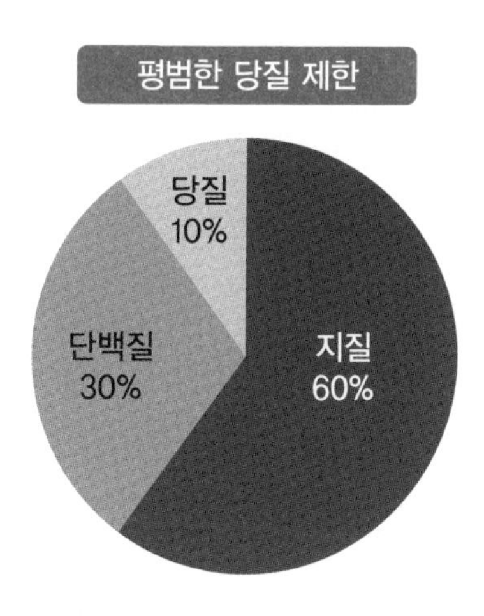

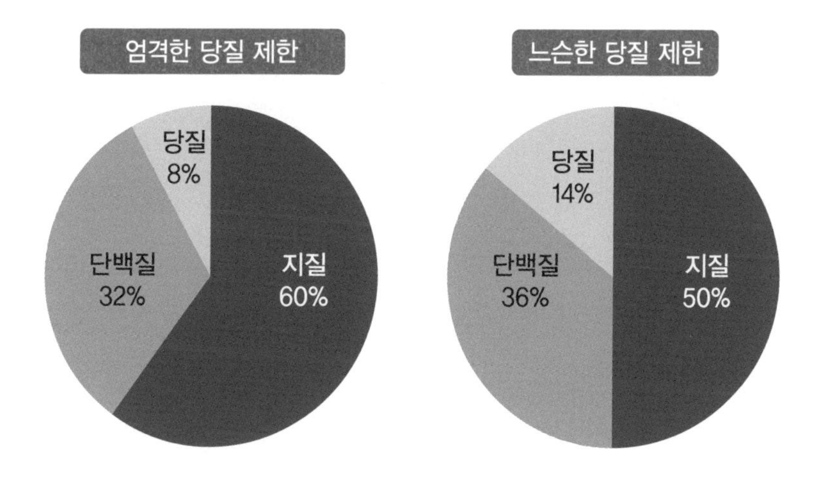

3대 영양소 중 제한(상한)이 필요한 영양소는 당질이고, 반대로 제한이 없는 영양소는 지질이다. 단백질도 대량으로 먹으면 당질과 같이 인슐린 추가 분비가 일어나기 때문에 상한선이 있다.

그렇다고는 하나 지병이 없는 사람이 일상생활에서 '지질 몇 %, 단백질 몇 %'를 따져가며 먹기란 현실적이지 않다. 당질을 딱 제한했다면 단백질, 지질 함량을 따지지 않고 고기, 생선, 버터, 식물성 기름 등은 배부르게 먹어도 괜찮다고 생각한다.

당질은
지나치게 섭취하면 독

당질 제한식 이야기가 나오면 다음과 같이 반발하는 의사들이 있다.

"뇌와 근육은 글리코겐(당원질)과 글루코스(포도당)를 우선해서 사용하니 인간은 당질을 적극적으로 섭취해야 합니다."

확실히 뇌와 근육은 당질을 먼저 흡수한다. 하지만 당질 자체가 인체에 방치되면 염증을 일으키는 위험한 영양소여서 해독을 위해 어쩔 수 없이 우선 사용하는 것일 뿐이다.

당질은 인간에게 최소한은 필요한 영양소지만 지나치게 섭취하면 독이 된다. 생존에 최소한은 필요하지만 과하게 흡수하면 몸을 해치는 물질로 변화하는 산소처럼 말이다.

한마디로 당질은 영양소이자 독에 가까운 성분이다.

혈당 스파이크는 이토록 무섭다

건강수명을 늘리기 위해 무엇보다 먼저 시작해야 할 과제는 식사조절이다. 그리고 그 첫걸음은 기존의 칼로리 제한이 아닌 당질 제한이다.

적절한 운동을 하고, 식품 보존료를 피하는 것도 물론 중요하지만 최우선 과제는 당질 제한이다. 특히 식후 혈당치가 140mg/dL를 넘는 혈당 스파이크 상태는 최대한 피해야 한다.

혈당을 급격하게 올리지 않는 것이 중요한 이유는 무엇일까?

키워드는 '당화'와 '산화'이다. 각각 '그을음'과 '녹'이라고도 불리는 당화와 산화는 몸속에서 만성 염증을 유발할뿐더러 노화까지 촉진한다.

포도당은 몸속에서 단백질과 쉽게 결합하는 성질이 있다. 단백질과 당이 결합(당화)한 물질이 제1장에서 설명한 AGE(최종

당화 산물)이고, 당화 현상은 식후에 혈당이 오를 때 일어난다.

지금까지는 활성산소만 노화를 촉진하는 요인으로 유명했으나 **당화에 따른 AGE 또한 노화로 연결된다**는 사실이 밝혀졌다. 참고로 건강검진에 있는 당화 혈색소(헤모글로빈 A1c)는 당뇨병 검사의 주요 항목이며, 당화 단백질을 조사하는 지표다.

다음으로 산화가 왜 문제인지 설명하겠다.

몸을 산화시키는 활성산소는 몸에서 에너지를 만들어낼 때 생기는 물질이다. 원래 활성산소는 세균과 바이러스의 공격으로부터 몸을 보호하는 물질인데, 필요 이상으로 늘어나면 신체조직을 손상시켜 녹슬게 한다.

이것을 막기 위해 글루타티온이라는 항산화 물질도 존재하지만, 혈당 스파이크로 인해 글루타티온이 생성되지 않으면 활성산소를 제거하지 못해 다양한 산화 스트레스가 발생하게 된다.

활성산소에 손상된 혈관 내피를 콜레스테롤이 복구하는 까닭에 동맥경화가 일어나 고혈압, 뇌경색, 심근경색 등을 유발하기도 한다.

AGE(당화)와 활성산소(산화)는 상호작용을 통해 내장과 혈관에 만성 염증을 일으킨다. 이는 비만, 고혈압, 당뇨병, 암, 심근경색, 뇌경색 같은 생활습관병과 인지장애의 발병 및 악화로 이어진다.

제4장

탄수화물이 일으키는 소화기계 질환

여기까지 빵을 비롯한 탄수화물의 폐해에 대해 영양학과 생리학의 측면에서 설명했다. 지나친 당질 섭취의 단점과 위험성에도 불구하고 탄수화물을 끊지 못해 과도한 섭취를 지속한다면 우리의 몸은 어떻게 될까? 이번 장에서는 밀을 필두로 한 탄수화물을 과잉 섭취했을 때 우리 몸의 소화기계에 발생하는 여러 질병을 소개하고자 한다.

역류성 식도염이 식도암의 원인이 되기도

역류성 식도염은 최근 제약사 광고에 등장하거나 건강검진 등에서 진단받는 경우가 늘어난지라 아는 사람이 많을 듯싶다. 역류성 식도염이란 과도하게 분비된 위산이 식도로 역류하면서 식도 점막이 녹아 염증이 생긴 상태를 말한다. 심해지면 음식물 섭취에 영향을 미칠 뿐 아니라 식도암의 원인이 되기도 한다.

지금까지 역류성 식도염은 고기나 지질을 과식하면 콜레키스토키닌이라는 호르몬이 위의 입구인 들문(분문)을 이완해서 위산이 역류하기 때문에 일어난다고 설명되어왔다. 그렇다 보니 내시경 검사에서 역류성 식도염이 진단되면 고기와 기름을 멀리하고, 위산을 억제하는 PPI(프로톤 펌프 저해제)를 복용시키는 것이 일반적인 치료법이었다.

하지만 이 같은 치료로도 호전되지 않는 경우가 많고, PPI

처방이 계속되어 5년이고 10년이고 복용하는 사례도 드물지 않다.

역류성 식도염을 예방한다는 명목으로 몇 년씩이나 위산 분비 억제제를 복용하는 치료가 만연한 이 상황은 명백히 부자연스럽다.

애당초 위산을 억제하는 행위는 어디까지나 대증요법이지 근본적인 치료가 아니다. 위산은 음식물을 소화하기 위해 분비되는데, 이를 장기간 억제하면 소화불량이 생길뿐더러 각종 알레르기 질환으로 이어지기도 한다.

나도 심한 역류성 식도염에는 PPI 처방을 내리지만, 반드시 단기간에 한정해 처방한다. PPI는 분명 우수한 약이고, 의료현장에서 많은 환자의 목숨을 구해왔다. 그러나 효과가 뛰어난 만큼 맹목적으로 처방되는 사례가 많은 것도 사실이다.

나 역시 탄수화물을 섭취하던 시기에는 곧잘 신물이 올라와서 PPI를 복용했지만, 탄수화물에서 한참 멀어진 현재의 식생활을 시작하고부터는 역류 증상이 싹 사라졌다.

앞서 설명했다시피 탄수화물은 위에 머무르는 시간이 길고, 이는 곧 위산이 장시간 분비된다는 뜻이다.

고기는 위에 머무르는 시간이 1시간 미만이라 위산 분비가 오래 지속되지 않는다. 반면 탄수화물은 4시간 이상 위 속에 머물러서 위산이 내리 분비된다. 그러는 동안 지질과 단백질의 소화가 끝나고, 콜레키스토키닌의 작용으로 하부 식도 괄약근이 이완되면 역류성 식도염을 악화시키는 원인이 된다.

이것은 고기와 채소만 먹었을 때하고는 전혀 다른, 고기와 탄수화물을 함께 먹었을 때 나타나는 폐해이다.

해외에서도 비만 여성에게 저탄수화물·고지방 식이요법을 진행한 결과, 10주 뒤에는 역류성 식도염의 약물 치료가 불필요해졌다는 보고가 나왔다. 따라서 안이하게 약물 치료를 하기보다는 식생활부터 개선해야 한다고 할 수 있다.

위통과 더부룩함의 40~60%는 기능성 소화불량

위의 통증과 더부룩한 증상의 40~60%는 기능성 소화불량이라고 불린다.

기능성 소화불량은 독립된 병명이 아니라 '위궤양, 위암 등의 기질적인 질환은 없으나 더부룩함, 명치 통증과 같은 증상이 만성적으로 지속되는 병태'를 총칭하는 용어이다.

더부룩함과 위통 외에도 가슴 압박감, 목이 갑갑한 느낌 등 다양한 증상을 포괄한다.

세계적인 진단 기준(ROME Ⅲ)에서는 다음과 같이 설명한다.

"식후 느끼는 심한 더부룩함, 조기 팽만감, 윗배(명치 부근)의 통증이나 작열감, 속쓰림 중 1가지 이상 증상이 있고, 위내시경 등으로 위암이나 위궤양 등의 기질적인 질환이 확인되지 않을 것. 최소 6개월 전부터 증상이 시작되어 최근 3개월 동안 위의 기준을 충족할 것."

이는 남성보다 여성, 고령자보다 젊은이에게 많이 나타나는 증상으로 비만의 원인이 되는 식습관 및 생활습관, 사회적 스트레스와 관련이 깊다고 알려져 있다.

기능성 소화불량의 원인으로는 흔히 고기·기름 과식, 커피, 술, 스트레스가 꼽힌다. 내가 보기에는 탄수화물 과식이 주범이지만 말이다.

나의 클리닉에서 **기능성 소화불량이 의심될 때는 탄수화물 제한과 식사 횟수 줄이기를 처방한다.** 그리고 위의 활동을 개선하는 아코티아미드(Acotiamide)* 또는 육군자탕(한약의 일종)으로 증상을 개선하는 경우가 대부분이다.

다만 탄수화물을 줄이는 식사 개선이 이루어지지 않으면 역류성 식도염과 마찬가지로 잘 나아지지 않을 때가 많다.

역류성 식도염과 기능성 소화불량에는 공통점이 여럿 있다. 그래서 기능성 소화불량을 치료하면 위의 활동이 원활해지고,

---

* 아코티아미드(Acotiamide) : 일본에서 세계 최초로 개발한 기능성 소화불량 치료제.

위산이 샘창자로 흘러가서 PPI를 처방하지 않아도 역류성 식도염까지 호전되는 일이 비일비재하다.

나는 역류성 식도염 치료도 위산 분비를 억제하기보다는 위를 움직여 위산을 내려보내는 데 중점을 둔다.

염증·궤양 없이 장이 안 좋다면 과민 대장증후군

과민 대장증후군은 대장(大腸, 큰창자)에 염증, 종양 등의 기질적인 질환이 없는데도 복통이 계속되거나 변비와 설사 같은 증상이 수개월에서 수년 이상 이어지는 기능성 질병이다. 주된 증상으로는 배변하고 나면 완화되는 복통, 설사, 변비 등이 있다.

원인은 불명이지만, 배변 관련 증상이 심한 환자는 전철을 못 탄다든가 긴장된 상황에서 갑자기 화장실에 가고 싶어진다든가 하여 일상생활에 지장을 줄 정도라 환자 본인에게는 큰 문제가 된다.

소화기관의 운동을 조절하는 약물요법이 일반적인 치료법이다.

그러나 식생활 개선을 통한 증상 호전도 가능하다. 내 클리닉에서는 밀을 중심으로 한 탄수화물을 제한하여 호전되는 사례가 적지 않다.

또한 과민 대장증후군 환자 중에는 미네랄이 부족한 사람이 많은 듯하다. 여성이라면 철분과 마그네슘을, 남성이라면 마그네슘을 보충하는 것도 추천한다.

소장 점막에 이상이 생기는 흡수장애증후군

흡수장애증후군은 소화·흡수 기능이 저하되어 음식물의 영양소가 충분히 흡수되지 않아 발생하는 질병의 총칭이다.

영양소 흡수가 주로 소장에서 이루어지는 만큼 흡수장애는 대부분 소장 점막에 이상이 생겼을 때 나타난다. 만성 설사나 몸무게 감소를 계기로 발견되는 경우가 많으며, 원인이 되는 질환으로는 셀리악병(복강병), 감염증, 크론병 등이 있다.

테니스 선수인 노박 조코비치가 앓는 것으로 널리 알려진 셀리악병은 밀 알레르기가 원인이기 때문에 밀 제한이 중요하다.

동아시아인은 셀리악병 발병률이 낮아서 유달리 주의해야 할 질환은 아니지만 밀 알레르기가 없다고 해도 밀 제한은 중요하다고 생각한다.

이 증후군은 위에서 음식물이 제대로 소화되지 않는 경우에도 발생할 수 있으므로 위를 절제한 사람, 위산 분비 억제제를 오래 복용한 사람은 주의가 필요하다.

이러한 점에서도 무의미하게 제산제를 장기간 투여하는 잘못된 의료 관행은 개혁되어야 마땅하다.

장내 세균의
이상 과증식 SIBO

SIBO란 'Small Intestinal Bacterial Overgrowth(소장 내 세균 과증식)'의 약자로 소장에서 장내 세균이 폭증하는 상태를 가리킨다.

최근 서양을 중심으로 알려지기 시작한 SIBO는 과민대장 증후군과 증상이 흡사하고, 공통점도 많다. 소장 내에서 세균의 과다 증식이 발생하여 더부룩함, 설사, 변비 등의 증상이 나타나는 까닭이다. **별로 많이 먹지 않았는데도 식후에 아랫배가 불룩 튀어나오는 증상이 있다면 이 질환과 관련됐을 가능성이 있다.**

유해균이 증식하기 쉬운 음식을 먹는 행위가 SIBO를 악화시키기 쉽기 때문에 세균 증식을 막으려면 유해균이 번식하지 않도록 식단을 구성해야 한다.

이를 위해 제창된 식이요법이 '저(低)포드맵식'이다.

포드맵(FODMAP)이란 F = Fermentable(발효당 당질), O = Oligosaccharides(올리고당), D = Disaccharides(이당류), M = Monosaccharides(단당류), A = And, P = Polyols(폴리올)의 머리글자를 딴 명칭이다.

포드맵에 포함되는 성분은 유해균의 번식을 보조하므로 되도록 피하는 것이 좋다. 구체적인 식품은 다음 쪽 표에 정리해 두었다.

이 표로 미루어 봐도 위가 찢어질 듯한 팽만감, 설사, 변비가 있는 사람은 역시 밀을 멀리해야 한다.

내가 보기에 곡물은 위장에 부담을 주는 데다 혈당 스파이크 문제까지 있는, 가능한 한 섭취하지 말아야 할 식품이다. 아무래도 곡물을 끊기 힘든 사람은 밀, 쌀, 우동보다는 메밀이 위장에 영향을 덜 미치는 듯하니 참고했으면 한다.

포드맵 식품의 분류

	저(低)포드맵 식품	고(高)포드맵 식품
곡물류	쌀, 쌀가루, 메밀, 글루텐프리(밀가루 비사용) 식품, 시리얼(쌀, 오트밀), 귀리, 타코, 녹말, 옥수수 녹말, 팝콘 등	보리, 밀, 호밀, 우동, 소면, 파스타, 라면, 빵, 케이크, 팬케이크, 과자, 쿠키, 시리얼(곡물, 건과일, 꿀), 옥수수, 피자, 파이, 오코노미야키, 다코야키, 쿠스쿠스 등
채소류	가지, 토마토, 토마토 통조림, 브로콜리, 당근, 파스닙, 감자(1개까지), 고구마(반개까지), 호박, 감자 녹말, 감자칩(소량), 시금치, 오이, 생강, 올리브, 오크라, 양상추, 죽순, 콩나물, 청경채, 셀러리(소량), 양배추, 배추, 순무, 래디시, 애호박, 파슬리, 두부, 타피오카 등	콩류(병아리콩, 렌즈콩, 완두콩, 대두), 아스파라거스, 피망, 파, 사보이 양배추, 콜리플라워, 양파, 부추, 마늘, 낫토, 우엉, 셀러리, 버섯, 김치, 돼지감자, 감자튀김 등
과일류	바나나, 딸기, 코코넛, 포도, 멜론, 오렌지, 네이블오렌지, 키위, 레몬, 라임, 금귤, 파인애플, 자몽, 라즈베리, 블루베리, 크랜베리, 탄제린, 두리안, 용과, 밤 등	사과, 수박, 살구, 복숭아, 배, 아보카도, 리치, 자몽, 감, 서양배, 파파야, 버찌, 건포도, 프룬(서양 자두), 자두, 석류, 산딸기, 구아바, 무화과, 이것들을 함유한 주스·건과일 등

출처 : 에다 아카시, 『전문의가 알려주는 위장이 약한 사람의 위장 트러블』의 도표를 바탕으로 작성

위내시경 5,000건 중 1건은 호산구성 식도염·위장염

호산구성 식도염과 호산구성 위장염은 음식물 등을 원인으로 알레르기 반응이 일어나 '호산구'라는 백혈구가 소화기관에 염증을 일으키는 질환이다. 궤양성 대장염(궤양 대장염)과 마찬가지로 난치병으로 지정되어 있다.

원래 호산구성 식도염은 내시경 검사를 5,000건 진행하면 1건 정도 발견되는 희귀한 질환인데, 내 클리닉에서는 한 달에 1건씩은 발견된다. 아마 실제로는 꽤 많은 질환인 듯싶다.

주된 증상은 가슴이 답답하거나 눌리는 느낌, 음식물을 삼켰을 때 발생하는 가슴 통증 등이며, 대부분 내시경 검사를 통해 발견된다.

증상이 심해지면 음식물을 제대로 삼키지 못하고, 삼켜도 잘 내려가지 않는 느낌이 강하게 남는다. 가슴을 두드려서 음식을 아래로 내려보낸다거나 식사 자체를 고통스러워하는 경우도 있다.

나의 클리닉에서는 호산구성 식도염이 확인되면 환자 본인의 식생활을 물어보고, 식단에 밀가루 음식이 많은 경우에는 최대한 삼가도록 지도한다.

일례로 가슴이 답답하고 위산이 역류하는 것 같다며 내원한 50세 남성의 치료 과정을 소개하겠다. 이 남성은 평소 아침으로는 빵을 먹고, 우동이나 라면도 자주 먹는다고 답했다.

내시경 검사를 진행하니 식도 점막에 생긴 동심원 모양의 주름이 보였다. 조직 검사에서도 호산구의 확산이 확인되어 호산구성 식도염이라는 진단을 내렸다.

치료는 식생활에서 밀을 최대한 삼가도록 지도하고, 약은 처방하지 않았다. 그러자 반년 뒤에는 호산구성 식도염 특유의 식도 주름이 말끔하게 사라져 외관상으로는 완전히 호전되었다.

심지어 호산구성 식도염만 나은 것이 아니라 수시로 올라온다던 원인 모를 구토까지 깨끗이 사라졌다.

단순히 약물 치료만 해서는 이만한 치료 효과를 얻을 수 없다. 이것은 소화기내과로서는 획기적인 치료 사례이다.

더군다나 식이요법을 진행한 반년 동안 환자는 통원 치료를 일절 받지 않았다. 그런데도 완치되었다. 식생활에 초점을 맞추

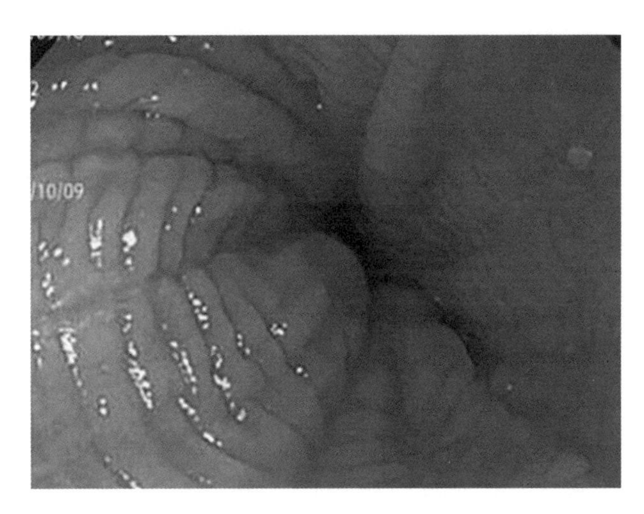

호산구성 식도염을 치료하기 전의 식도 점막(저자 촬영)

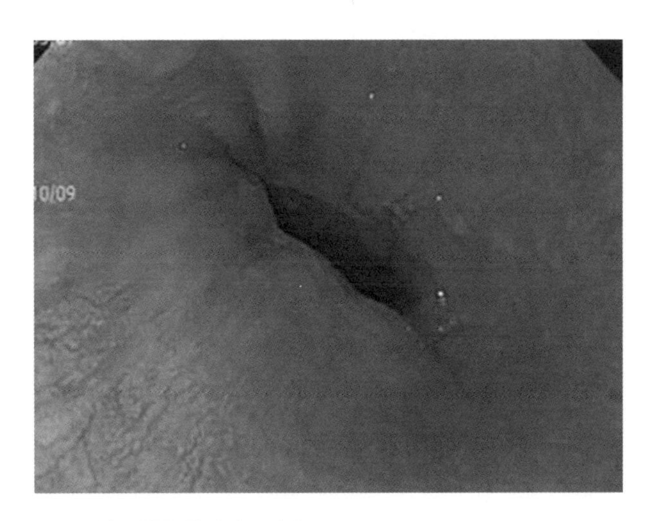

식이요법을 진행한 후의 식도 점막(저자 촬영)

면 난치병조차 나아질 수 있음을 의사도 알아야 한다.

호산구성 위장염은 식도 점막에 발생하는 호산구성 식도염과 달리 위, 소장, 대장에 염증이 생긴 상태를 가리킨다. 대개 설사와 복통을 계기로 발견된다.

해외에서는 6가지 식품(밀, 유제품, 달걀, 콩, 견과류, 어패류)을 배제하는 식이요법이 제안되고 있는데, 그중 항시 섭취하고 있을 만한 식품은 밀일 가능성이 높기에 밀 섭취를 제한하는 것이 가장 중요하다.

내 클리닉에서도 밀 섭취를 제한하면 증상과 내시경 검사 소견이 개선되는 경우가 많다.

장의 아토피라 불리는 궤양성 대장염

최근 증가 추세를 보이는 궤양성 대장염은 젊은 층에서 많이 발견되는 자가면역질환으로 주된 증상은 설사, 하혈, 발열이다. 자가면역이 대장의 점막을 공격해서 생기는 질환인지라 '장(창자)의 아토피'라고도 불린다.

대부분은 경증이지만 악화할 시에는 심한 하혈과 발열을 동반한다. 약물 치료가 듣지 않으면 생명까지 위협할 수 있어서 대장 자체를 잘라내는 수밖에 없는 경우도 존재한다.

궤양성 대장염은 난치병으로 지정된 질환이며, 현재 일본에서는 16만 명 이상이 그것을 진단받았다. 병이 있지만 진료하지 않은 사람도 꽤 많아 실제로는 그 5배가 넘는다는 말도 있다.

궤양성 대장염 또한 식생활이 서구화되면서 증가했기에 지방이 악당으로 몰리고 있지만, 나는 밀을 포함한 당질의 과잉 섭취가 원인이라고 본다.

질 좋은 지질은 오히려 염증을 억제하는 작용을 하므로 등푸른생선 같은 식품에 함유된 오메가3 지방산을 적극적으로 섭취하고, 당질은 되도록 멀리하는 것이 중요하다.

단, 밀과 곡물 섭취를 줄여서 발병 확률은 낮출 수 있으나 이미 발병한 사람이 밀을 끊는다고 해서 완치되지는 않는다.

경증일 때는 증상이 사라지기도 하지만 중증으로 악화하면 밀을 끊는 정도로는 어림없는 케이스가 많다. 그래서 궤양성 대장염은 기존의 약물 치료를 병행해야 한다고 생각한다.

위장이 약한 사람일수록 건강수명을 늘릴 수 있다

나도 위장은 약한데 식욕이 왕성한 편이다. 그렇다보니 무엇을 먹든 더부룩함, 설사, 변비가 없는 사람을 보면 부럽다.

그렇지만 한편으로는 위장이 튼튼하다고 꼭 좋은 것만은 아니라는 생각도 든다. 그런 이들은 자신의 식생활을 돌아볼 기회가 적어서 비만, 고혈압, 당뇨병 등의 질병이 생긴 뒤에야 식생활 문제를 알아차리기 때문이다.

위장이 약한 사람들은 식사의 재료며 횟수, 시간에 신경을 쓰기 마련이다. 그러느라 위장에 좋은 식생활을 실천하여 결과적으로 다른 질병을 피할 수 있다. 질병의 회피는 물론 노화 방지와 암 예방 효과까지 얻을 수 있다. 이에 대해서는 제8장에서 자세히 설명할 예정이다.

요즘은 의사뿐만 아니라 영양사, 트레이너 등 여러 전문가가 저마다 자기 위치에서 식이요법에 관한 정보를 제공한다. 손에 들어오는 정보가 차고 넘치는 시대이다 보니 "뭘 먹어야 좋을지 더 모르겠다"라는 목소리도 종종 들린다.

누구에게나 통하는 만능 식이요법은 없다. 다만 소화기과 의사로서는 위장에 부담을 주지 않아야 다른 장기에도 부담이 가지 않아 건강수명이 길어진다고 생각하고 있다.

평소에 무얼 먹으면 속이 더부룩하고 설사가 나는지 알아보고, 요주의 음식은 피하도록 하자. 그것을 습관화하는 일이 건강수명을 늘리는 첫걸음이다.

밀, 탄수화물, 당질이 소화기계 외 질환에 미치는 영향도 심각하다. 특히 생활습관병의 범주에 속하는 질환은 거의 다 당질 과잉 섭취와 연관되어 있다고 해도 과언이 아니다.

나는 생활습관병을 치료하는 입장은 아니지만 소화기과 전문의로서 본 생활습관병의 실태를 다음 장에서 설명하고자 한다.

제5장

밀가루를 끊으면 만병이 치유된다

주기적인 밀가루 섭취가 소화기계에만 문제를 일으키는 것은 아니다. 당질과 인슐린이 과다해진 혈액은 전신을 돌며 인체 각 부위에 악영향을 미쳐 다양한 질병을 가져온다. 이번에는 밀가루 속 탄수화물이 소화기계 외 부위에 발생시키는 암, 동맥경화, 당뇨, 치매, 천식 등의 질병을 다루고자 한다.

과도한 비만은 수명을 10년 단축한다

'비만은 만병의 근원'이라는 말이 있다. 이 격언처럼 비만을 방치하면 이후 인생에 큰 영향을 끼칠 가능성이 높다. 다시 말해 비만은 반드시 개선해야 할 질병이다.

실제로 한 연구결과에 따르면 과도한 비만은 수명을 10년 단축한다고 한다. 물론 모든 비만이 질병은 아니다. 하지만 비만의 지표인 BMI(체질량 지수)가 25를 넘으면 비만에서 기인하거나 비만과 관련된 건강장애가 발생할 확률이 급격하게 높아진다. 그러므로 BMI가 25 이상인 사람은 어떤 대책을 마련할 필요가 있다.

지방세포는 유연성이 무척 높아서 중성지방을 흡수해 몇 배까지도 팽창한다. 인체에서 이렇게 무한정 용량을 늘릴 수 있는 것은 지방세포뿐으로 마치 암과 같은 성질을 지녔다.

비만과 비만증

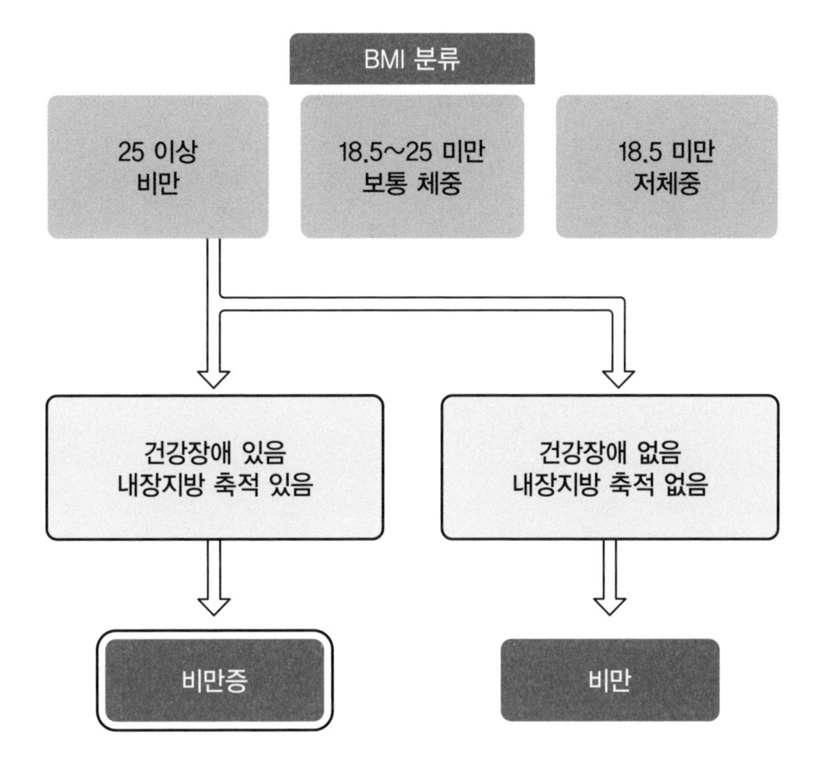

BMI 계산법
BMI = 몸무게(kg) ÷ 키(m) ÷ 키(m)
BMI 분류
25 이상
비만
18.5~25 미만
보통 체중
18.5 미만
저체중
건강장애 있음
내장지방 축적 있음
건강장애 없음
내장지방 축적 없음
비만증
비만

일반적으로 지방세포의 인상은 악당에 가깝지만 실은 좋은 구석도 존재한다. 지방조직에서 생성되는 아디포카인이 그것이다. 아디포카인은 지방조직이 분비하는 호르몬 같은 물질로 몸속 장기에 다양한 작용을 한다.

아디포카인 속에는 식욕을 억제하는 렙틴이라는 호르몬과 비만 및 염증을 억제하는 아디포넥틴이라는 착한 호르몬도 들어있다.

그러나 너무 비대해진 지방세포는 혈전을 형성하는 인자라든가 나쁜 호르몬을 분비하게 되어 당뇨병, 고혈압, 만성 염증 상태를 일으키고, 암에 걸릴 위험까지 높인다.

즉, 비만은 몸속에 만성 염증을 일으키는 원인이자 동맥경화, 고혈압, 당뇨병 등으로 발전하는 이른바 대사증후군의 원인이기 때문에 꼭 개선해야 한다.

이상지질혈증은 지질이 아닌 당질 과잉이 원인

이상지질혈증은 일찍이 고지혈증 또는 고(高)콜레스테롤혈증이라고도 불렸던 질환이다.

예전에는 콜레스테롤, 곧 지질의 과잉 섭취가 이상지질혈증의 원인으로 여겨졌다. 콜레스테롤을 먹으니까 혈중 콜레스테롤 수치가 높아지고, 그것이 비만과 동맥경화로 이어진다는 논리는 일견 타당해 보이지만 현재는 거의 부정되는 이론이다.

최근 의학계에서는 당질의 과잉 섭취가 이상지질혈증으로 이어진다는 것이 상식으로 자리를 잡고 있다.

당질을 대량 섭취하면 인슐린 자극에 의해 당질이 간에서 중성지방으로 변환되어 몸속에 축적된다. 그리고 이 양이 많아지면 콜레스테롤이 높아져 이상지질혈증이 발생한다.

결국 이상지질혈증은 식사로 섭취한 콜레스테롤이 아니라

당질을 과하게 섭취했을 때 몸속에서 합성되는 콜레스테롤(중성지방)이 문제라는 뜻이다.

과거에는 이상지질혈증을 예방하기 위해 '콜레스테롤이 많이 함유된 달걀은 하루 1개'로 제한했지만, 최근에는 콜레스테롤 섭취와 혈중 콜레스테롤의 상관을 나타내는 과학적 증거가 충분하지 않다고 보아 그 제한이 완화되는 추세다.

동맥경화의 원인으로 취급되어온 나쁜 콜레스테롤

동맥경화는 나이가 들면서 혈관 벽이 두껍고 딱딱해지거나 혈관에 콜레스테롤과 지질이 쌓여 혈관이 좁아진 상태를 의미한다. 이는 고혈압을 유발하여 심근경색, 뇌경색, 뇌출혈을 일으키는 원인이 된다.

동맥경화에는 죽상경화, 묀케베르크 경화(중막 석회화), 세동맥경화 등이 있는데, 일반적으로 동맥경화라고 하면 죽상경화를 가리키는 경우가 많다. 동맥경화(죽상경화)로 인해 형성된 플라크(죽상판)는 혈관을 좁히거나 막아버리므로 주의가 필요하다.

콜레스테롤 중에서도 LDL(나쁜 콜레스테롤)의 침착이 동맥경화를 일으키는지라 LDL은 오랫동안 동맥경화의 범인으로 취급되어왔다.

그러다가 최근 고혈당에 의해 손상된 혈관 내피에 LDL이 들러붙어서 동맥경화가 일어난다는 사실이 밝혀졌다. 따라서 동맥경화를 예방하려면 LDL 수치를 낮추는 것이 아니라 고혈당 상태를 피하는 것이 중요하다.

아직도 LDL에는 나쁜 콜레스테롤이라는 꼬리표가 붙어있지만 애당초 고혈당 상태가 아니라면 LDL이 혈관 내피에 들러붙을 일이 없다. LDL은 혈당 스파이크가 일으킨 화재를 진압하려 나선, 말하자면 선의의 시민인데 도리어 범인으로 몰리고 만 것이다.

예비군까지 합치면
제2형 당뇨병 환자는 6명당 1명

당뇨병에는 제1형과 제2형이 있다. 제1형 당뇨병은 선천병(타고 나는 질환)이지만 당뇨병의 95%를 차지하는 제2형 당뇨병은 생활습관병에 포함된다.

제2형 당뇨병은 예전에는 고칼로리식이 혈당을 높여 다양한 합병증을 유발한다고 보았기 때문에, 지방 섭취를 억제하는 식이요법이 병을 관리하는 데 가장 효과적이라고 여겨졌다.

그러나 현재는 과도한 당질 섭취에 따른 식후 고혈당이 제일 큰 문제로 여겨져 이를 개선하는 것이 중요해졌다. 알코올성 간염의 원인이 알코올이듯 제2형 당뇨병의 원인은 과도한 당질 섭취이다.

당뇨병이 낫지 않는 병이라고 불리는 까닭은 과도한 당질 섭취를 개선하지 않은 채 칼로리 절감 위주의 식이요법을 실행하기 때문이다.

식품 1g당 칼로리는 지질 9kcal, 단백질 4kcal, 당질 4kcal로 계산되기에 저칼로리식을 목표로 하면 지질은 줄고 당질이 많아진다. 식후 고혈당을 일으키는 물질은 당질인데 말이다.

이것은 술을 끊지 않은 채 알코올성 간염을 치료하는 상황이나 마찬가지다.

현재 제2형 당뇨병 환자 및 예비군은 전체 인구 중 6명당 1명이라고 한다. 사정이 이러할진대 기존의 칼로리 제한처럼 효과가 작은 대책만 고집한다면 의료비는 계속 막대하게 증가할 수밖에 없다.

악성종양(암)이 가장 좋아하는 영양소는 당질

2명 중 1명은 암에 걸린다는 오늘날, 건강수명을 연장하기 위해서는 암 예방이 중요하다. 중세 이전과 같이 단명하던 시대에는 아마 암으로 사망하는 사람도 적었겠지만, 지금같이 장수하는 시대라면 암 환자가 늘어나는 것은 어느 정도 불가피한 일인지 모른다.

하지만 설령 그러할지라도 젊은 나이에 암 환자가 되는 상황을 최대한 피하고자 한다면 암이 발병하지 않는 식사법을 평소에도 실천해야 한다.

예전에는 악성 종양도 지나친 지방 섭취가 발생률을 높인다고 여겨졌으나 최근 연구에서는 악성 종양을 발생시키기 쉬운 영양소로 당질을 꼽고 있다.

암 전문병원으로 유명한 뉴욕 '메모리얼 슬론 케터링 암 센터'의 크레이그 B. 톰슨 센터장도 강연에서 악성 종양의 에너지원이 되는 영양소는 1위가 당질, 2위가 단백질, 3위가 지질이라고 말했다. 이 결과는 내 의견과 반목되지 않는다.

게다가 이 순위는 혈당을 올리기 쉬운 순위는 물론이고 인슐린 추가 분비를 유도하기 쉬운 순서와도 똑같다. 요컨대 암이 발생하는 원인에는 고혈당과 인슐린이 크게 관여하며, 이것들을 관리하는 일이 암 예방으로 이어진다는 뜻이다.

모든 고기가 대장암 발병 위험이 있는 건 아니다

나의 전문 분야는 위암과 대장암이다.

위암은 헬리코박터균에 의한 만성 염증이 발생 원인이니만큼 상수도 등의 인프라 정비가 이뤄지고 헬리코박터균 제균 치료가 도입되면서 최근 들어 환자가 대폭 감소했다.

한편 대장암은 발병률이 매우 증가하여 여성의 암 사망 원인 1위, 남성의 암 사망 원인 3위가 되었다.

대장암은 특히 식생활과 연계되어 주목받는 경우가 많았다. 이전에는 육식이 나쁘다는 견해가 있었으나 고기 종류에 따라 차이가 난다는 점이 연구결과로 밝혀졌다.

이 연구에 따르면 가금류, 즉 닭고기는 대장암의 원인이 되는 대장 폴립(용종)과 전혀 연관성이 없다. 붉은 고기(적색육)와 대장 폴립도 뚜렷한 상관관계는 없어보이지만 닭고기보다는 암 발병 위험을 높일 가능성이 있다.

다만 가공육은 대장암 발병과 연관성이 있는 것으로 나타났다. 그러므로 첨가물이나 소금을 다량 함유한 가공육은 되도록 피해야 한다.

뇌의 당뇨병이라 불리는 알츠하이머

인지장애도 현대사회의 큰 문제 중 하나이다. 암이나 당뇨병에 걸려 이른 죽음을 맞이하는 것은 어쩔 수 없다손 치더라도 인지장애가 생겨서 가족에게 폐를 끼치는 것은 괴로운 일이라 어떻게든 피하고 싶은 사람이 많은 듯하다.

외래진료에서 당질 제한에 관해 설명하면 "인지장애가 생기는 건 싫으니 빵은 줄일게요"라고 말하는 사람도 적지 않다.

인지장애의 70%를 차지한다는 알츠하이머형 인지장애(치매)는 당질의 과잉 섭취가 원인으로 추정되어 '뇌의 당뇨병'이라고도 불린다. 선진국 중 알츠하이머 환자가 가장 많은 일본에서는 알츠하이머도 암과 어깨를 나란히 하는 국민병이라고 볼 수 있다.

현재 알츠하이머는 고혈당으로 인해 변성된 '아밀로이드 베타'라는 단백질이 뇌에 쌓여서 발생한다고 알려져있다.

아밀로이드 베타는 인슐린에 의해 분해되어야 하는데, 인슐린의 작용이 저하되어(인슐린 저항성) 분해되지 않고 쌓이는 것이 원인으로 지목되는 까닭이다.

그러나 최근에는 고혈당 자체보다 고인슐린혈증이 아밀로이드 베타를 늘린다고 판단되어 고인슐린혈증을 예방하는 지중해식과 케톤식이 주목받고 있다. 해외의 연구에서도 케톤식이 알츠하이머에 효과적이라는 결론을 내렸다(지중해식, 케톤식에 대해서는 후술).

고인슐린혈증이 아밀로이드 베타를 늘린다는 견해가 인슐린이 아밀로이드 베타를 분해한다는 견해보다 모순도 없고 명쾌하다.

빵을 끊었더니 천식이 가라앉았다

아토피 피부염, 천식, 꽃가룻병(화분증) 등은 알레르기 질환이라고도 불린다. 이들 알레르기 질환 또한 밀이나 탄수화물을 섭취할 시 증상이 악화하는 경향이 있다.

내가 외래진료를 볼 때도 "빵을 끊었더니 천식 발작이 사라졌다", "아토피인데 피부가 가렵지 않게 되었다"라는 이야기를 종종 듣는다.

나도 밀에 의존해 생활하던 시기에는 꽃가루 알레르기가 있었으나 밀을 끊고부터는 사라졌다. 그럴 리 없다고 생각하는 사람도 있겠지만 사실이다.

원래 밀 알레르기가 있는 사람은 당연히 밀을 피하겠지만, 다른 알레르기 질환으로 고민하는 사람도 시험 삼아 2주일간 밀을 멀리해보기를 추천한다.

제6장

위장에 좋은 식사&식습관

여기까지 탄수화물은 위에서 잘 소화되지 않고 오히려 단백질과 지질이 잘 소화된다는 사실 및 탄수화물이 식후 고혈당을 일으켜 각종 질병을 초래하는 원인으로 작용한다는 점을 설명했다. 그렇다면 실제로 어떤 식사와 식습관을 실천해야 위장과 몸에 좋은지 이번 장에서 구체적인 사례를 들어 설명하고자 한다.

아침은
안 먹는 편이 낫다

아침 식사에 관해서는 여러 설이 있어서 아침을 먹는 게 좋다거나 나쁘다고 일률적으로 말할 수 없다. 그것은 각자의 생활 리듬에 따라서도 달라지기 때문이다.

가령 밤늦게 식사하는 사람이라면 소화되는 시간을 감안하여 아침은 먹지 않는 편이 낫겠으나, 저녁 5시 전에 저녁 식사를 끝마치는 사람이라면 아침이 필요하다.

다만 소화기과 의사로서 원칙적으로 조언한다면 아침에 일어났는데 배가 고프지 않은 상황에서는 식사를 건너뛰는 편이 낫다.

아침을 먹을 때는 위장에 가는 부담을 고려해 탄수화물 이외의 음식을 먹도록 하고, 탄수화물을 섭취할 바에는 굶기를 권장한다.

만약 아침을 챙긴다면 아래와 같은 음식이 위장에 좋다.

- 먹어도 부담이 적은 음식 : 달걀 요리, 햄(가열 금지), 채소, 플레인 요구르트, 견과, 치즈
- 피해야 할 음식 : 빵, 파스타, 우동, 시리얼, 샌드위치, 팬케이크, 쿠키, 스콘
- 소량이라면 부담이 적은 음식 : 현미, 주먹밥, 오트밀, 과일

1일 3식은 장에 좋지 않다

현재는 전 세계에서 1일 3식이 식생활의 주류를 이루고 있다. 그런데 1일 3식은 몸에 좋은 식습관일까?

역사적으로 보면 인간이 1일 3식을 시작한 것은 아주 최근의 일이다. 애초에 원시시대의 인간은 아침을 먹지 않았을 테고, 중세 이전으로 거슬러 올라가도 1일 2식이었다는 기록이 있다.

1일 3식은 예로부터 전해 내려온 풍습이 아니라 먹을 곡물이 풍족해지면서 나타난 식습관으로 보인다.

단백질과 지질을 중심으로 한 당질 제한식을 실천하면 혈당이 크게 오르내리지 않아 극심한 배고픔은 느껴지지 않는다. 반면 곡물 위주의 식사를 하면 혈당이 요동쳐서 비정상적인 배고픔이 찾아온다.

나도 탄수화물을 먹던 시절에는 묘하게 출출해서 1일 3식을 넘어 4식까지 먹기도 했다.

그러다가 당질 제한을 시작하고 나서는 그 이상한 배고픔이 사라졌고, 지금은 1일 1식 혹은 2식을 먹는다. 즉, 1일 3식은 곡물을 많이 소비하게 되면서 생긴 식습관이므로 1일 3식을 지켜야 건강하다는 논리는 성립되지 않는다는 뜻이다.

1일 3식이라는 식생활은 뇌가 만들어낸 습관이지, 장이 만들어낸 습관이 아니다.

지금의 나는 1일 3식을 하던 시절보다 몸이 가뿐할뿐더러 식사에 휘둘리지 않아 업무 효율이 올랐고, 취미에 투자하는 시간도 늘었다.

아침보다는 '아점'을 추천

나 역시 위장이 튼튼하지 않은 사람이라 식사 시간과 식사량, 식단에 꽤 신경을 쓴다. 직장인은 대부분 저녁을 오후 7시 이후에 먹게 되는데, 그런 상황에서 기상하자마자 아침을 먹는 것은 권장하지 않는다. 나도 어쩔 수 없이 오후 7시가 지나서 저녁을 먹기 때문에 이튿날 오전 10시는 지나야 몸에서 음식을 받아들일 준비가 되고, 꼬르륵 소리가 난다.

물론 이것은 내 이야기이고, 위장이 더없이 건강해서 일어나기 무섭게 배가 꼬르륵거리는 사람은 아침부터 먹어도 괜찮다. 그렇지만 평소에 자기 위장이 약하다고 느끼는 사람이라면 첫 식사는 점심 이후에 섭취하는 것이 좋다.

배에 아무것도 넣지 않은 채로 일하는 상황이 불안한 사람에게는 '아점'을 추천한다. 여기서 말하는 아점이란 아침과 점심 사이의 시간대에 조금씩 음식을 섭취하는 식사를 의미한다.

아침 대신
단백질 음료를 마신다

앞에서 언급했다시피 저녁을 늦게 먹는 사람은 이튿날 오전 10시 이후에야 위장에서 다음 식사를 받아들일 준비가 된다. 보통 10시에는 이미 업무가 시작된 사람이 많으므로 그때 아침을 먹기는 어렵다. 아침을 거르면 언제 다음 식사를 할 수 있을지 모르는 사람도 있으리라.

그런 경우에는 무리하게 아침을 먹기보다는 일하면서 단백질 음료를 마시는 방법도 있다.

실제로 나는 아침마다 직장에 도착했을 때 단백질 보충제로 음료를 만들어서 일하는 동안 조금씩 마신다.

이때 핵심은 단백질 음료를 한꺼번에 들이켜지 않고, 시간을 들여 조금씩 마셔야 한다는 점이다. 위장의 부담을 줄이고, 인슐린 호르몬의 자극을 피하기 위해서다.

이 방법의 장점은 아침을 먹지 않는다는 불안이 줄어든다는 점과 위장이 준비되었을 때 식사할 수 있다는 점이다. 운동 전에 스트레칭으로 몸 상태를 점검하듯이 그날의 위장 상태를 확인하며 섭취할 수 있기에 마시다가 속이 더부룩하면 그만 마시는 것도 가능하다.

단백질 음료만으로 배가 부른 날은 점심을 생략하고, 자신이 하고 싶은 일에 점심시간을 사용해도 좋을 것이다.

단백질 보충제에는 콩(대두 유래)과 유청(우유 유래) 제품이 있다. 소화와 영양을 중시한다면 유청 쪽을 추천한다.

단백질 보충제(음료)는 소화 부담이 적어도 흡수가 빨라서 많이 마시거나 자주 섭취하면 인슐린 분비를 자극해 문제가 되니 주의해야 한다.

여기서 단백질 보충제를 소개한 이유는 어디까지나 위장의 컨디션을 회복할 계기를 마련하는 데 있다. 근력 운동을 위해 하루에 여러 번 섭취하는 운동선수의 방법과는 목적이 전혀 다르다.

단백질 보충제의 1회 섭취량은 20g 이내부터 시작해야 몸에 부담이 적다.

채소부터 먹고, 채소로 끝낸다

일하는 사람은 아무래도 점심시간에 식사를 여유롭게 하지 못하니만큼 식사로 영양을 섭취하는 데는 저녁이 중요하다. 저녁 식사는 여섯 시 전에 마치는 것이 이상적이지만 바쁜 현대인에게는 이 또한 좀처럼 쉽지 않은 일이다.

나를 포함하여 밤늦게 식사하는 사람은 탄수화물 제한뿐만 아니라 먹는 순서도 유념해야 한다.

추천하는 식사법은 먼저 채소를 먹고, 그다음으로 고기나 생선을 먹고, 마지막에 다시 채소를 먹는 방식이다.

최근에는 채소를 먹고 나서 탄수화물을 먹는 다이어트 방법이 혈당을 올리지 않는 식사법으로 제시되고 있다. 이 방법은 혈당 상승과 식욕 과잉을 억제하는 효과가 있어서 나도 추천한다.

또한 밤늦게 식사할 때는 채소로 식사를 마무리하는 편이 좋다.

내 경험상 식사 마지막에 채소를 먹고 끝내야 위 속의 내용물이 신속히 소장으로 이동하여 다음날 더부룩함이 훨씬 덜하다. 식사를 시작할 때 먹는 채소는 혈당 상승과 식욕 과잉을 억제하고, 끝낼 때 먹는 채소는 더부룩함을 줄여준다.

위장 상태가 나쁠 때는 전골을

전골은 채소, 고기, 생선, 버섯 등 소화가 잘되거나 소화를 돕는 재료가 풍부한 요리이다.

다만 마무리로 먹는 우동과 죽은 잘 소화되지 않으니 꼭 생략해야 한다. 마무리 우동과 죽을 뺀 전골은 위장에 매우 편한 음식이어서 나도 속이 불편할 때면 곧잘 먹는다.

가족 중 본인만 위장이 약하고, 아이들은 한창 클 때라 탄수화물을 포함해 마음껏 먹고 싶어하는 가정에서는 우동이나 죽으로 마무리하되 본인은 먹지 않으면 그만이니 다른 메뉴를 준비할 필요도 없다.

먹는 사람의 위장 상태에 맞춰 나눠먹기가 수월하다는 것이 전골의 장점이다. 게다가 기본적으로 재료를 썰어서 끓이기만 하면 되니까 조리 시간도 짧다. 바쁜 사람에게는 참 고마운 메뉴다.

단식은
위장 상태를 조절해준다

요즘은 '단식(Fasting)'이라는 말을 접할 기회가 많아진 듯하다. 단식은 매일같이 혹사당하는 소화기관에 필요한 휴식을 가져다 준다.

같은 양을 먹는다면 하루 3번보다 5번 이상으로 나누어 먹는 편이 살찌지 않고, 위장에 부담이 가지 않는다는 의견도 존재한다. 그 방법이 자기 몸에 맞는 사람은 그 방법대로 유지해도 괜찮다.

그러나 끼니마다 식사량을 통제하며 이만큼 이상은 먹지 않겠다고 결정하기란 몹시 어려운 일이다. 식사 횟수도 많은데 식사량을 통제하지 못하고 더 먹었다가는 그대로 과식이 되어 위장에 부담을 주고 만다.

위장은 음식물이 들어오지 않는 시간을 4~5시간 이상 확보해야 정상적으로 움직인다고 한다. 음식물의 소화·흡수 시간을 고려하면 이것은 타당하다.

고로 한 끼 식사량을 줄여서 여러 차례 먹기보다는 식사 횟수를 줄여서 단식 시간을 늘리는 방식이 소화기관에 부담이 되지 않고, 영양 흡수 면에서도 효율적이다.

더군다나 단식은 위장에 부담을 주지 않으면서 세포 속의 미토콘드리아를 초기화하는 작용까지 있어 노화 방지에도 효과적이다.

단식과 미토콘드리아 초기화에 관해서는 제8장에서 자세히 설명하겠다.

가열된 음식이 더부룩함의 원인

나는 위장에 부담을 주지 않고, 영양을 잘 섭취하기 위해 의식적으로 회를 먹는다.

회는 가열되지 않은 음식이라 위장에서 소화하기에 부담이 없다. 소고기를 구워 먹고 체했다는 이야기는 자주 들어도 소고기 못지않게 기름진 참치회를 먹고 체했다는 이야기는 그다지 들은 적이 없다.

물론 소고기와 참치는 다른 식품이지만 단백질이라는 단일 영양소만 놓고 비교했을 때, 소화가 안 되는 원인으로 추정 가능한 둘의 차이는 고온으로 가열되었다는 데 있다.

아주 높은 온도로 가열된 식품은 소화기관에서 감당하기가 어려워 속이 더부룩해지는 원인이 된다. 가열에 의해 손실되는 영양소도 있어서, 원래 단백질과 지질은 가열하지 않은 상태로 섭취하는 것이 이상적이다.

하지만 생식은 식중독을 일으키기도 하므로 모든 식재료를 가열하지 않고 먹기는 쉽지 않다.

이런 점에서 회는 식중독 위험이 적다. 특히 등푸른생선에는 생활습관병 예방에 효과적인 오메가3 지방산이 풍부하다는 장점도 있다. 몸에 좋지만 가열하지 않고 먹으면 식중독을 일으키기 쉬운 닭고기 같은 재료는 고온의 기름에 튀기기보다 물에 삶아 먹기를 권장한다.

마찬가지 이유로 소고기도 불에 직접 굽기보다는 샤부샤부를 해먹는 편이 낫다.

최근 화제로 떠오른 '저온 조리'라는 조리법을 나도 도입했다. 스테이크류는 저온(60℃)의 물로 중탕한 다음 소금(고기 중량의 1%)을 표면에 뿌려 프라이팬으로 살짝 구우면 맛있는 데다 위장에도 편하다.

인류는 식중독을 극복하고자 가열이라는 획기적인 조리법을 고안해냈으나 식중독과 같은 급성 질환을 피하는 대신 만성 소화기계 질환을 얻게 되었다. 이 사실은 인식해야 한다.

미네랄이 부족하면 소화기관이 움직이지 않는다

위장에 좋은 식사를 생각할 때 자칫 놓치기 쉬운 영양소가 미네랄이다.

소화기관은 주로 민무늬근(평활근)이라는 근육으로 움직이기 때문에 미네랄이 부족하면 정상적으로 작동하지 못한다. 특히 철분, 마그네슘, 칼륨 등이 부족하면 소화에 좋은 음식을 먹어도 소화기관이 제대로 움직이지 않아 배가 더부룩한 증상이 나타날 수 있다.

참고로 여성은 철분, 남성은 마그네슘 등이 부족해지기 쉽다.

미네랄은 채소와 해조류에 다량 함유되어 있으니 해당 식품을 충분히 섭취하기를 권장한다.

이때 규칙은 다음과 같다.

① 채소는 되도록 생으로 먹는다.

② 물에 끓였다면 국물까지 마신다.

채소는 끓이면 칼륨 등이 소실되므로 가열은 최소화해야 한다. 끓였다면 국물까지 마셔야 미네랄을 온전히 섭취할 수 있다. 식사로 미네랄을 섭취할 수 없는 사람은 보충제의 도움을 받아도 무방하다.

규칙적인 식사는
위장에 해롭다

소화기과 의사로서 말하건대 '식사 시간을 고정하지 않는 것'도 중요하다.

학교와 회사에서는 단체 행동을 위해 대체로 식사 시간을 정해놓는다. 개인적으로 배가 고프지 않고, 아직 식사할 때가 아니라고 생각해도 정해진 시간이 되면 먹어야 한다. 이런 상황이 반복되면 당연히 위장 상태가 나빠진다.

의학적으로 볼 때 규칙적으로 먹는 습관은 일주기 리듬(Circadian Rhythm)이라고도 불리는 인간의 생활 리듬을 조절한다는 의미에서 중요하게 여겨진다.

그러나 당질에 편중되어 소화 부담이 큰 식사를 소화기관이 이미 지쳤는데도 정해진 시간에 무조건 섭취하는 것은 소화기관의 생리를 무시하는 행위이다. 위장 건강에는 식사 시간을 고정하지 않고 배고플 때 먹는 습관이 중요하다.

문제는 '시간에 구애되지 않고, 배고플 때 먹는 일'이 현대인에게는 무척 사치스러운 행위가 될 수 있다는 점이다.

만약 내가 기업에 근무방식 개혁을 요구한다면 휴가 보장 및 노동 시간의 제한뿐만 아니라 쉬는 시간과 식사 시간의 자율화가 얼마나 중요한지 전하고 싶다.

제7장

밥, 반찬, 국 식단의 진실

소화기과 외래진료에서 환자에게 '빵을 끊읍시다'라고 조언하면 '역시 일식이 최고네요!'라는 반응이 곧잘 돌아온다. 일식은 2013년 유네스코(UNESCO, 국제연합교육과학문화기구)의 무형문화유산에도 등재될 정도로 세계적으로도 건강식이라는 이미지가 확립되어 있다. 나도 일본인인지라 일식이 건강에 으뜸이기를 바라지만 생리학이나 식품과학 관점에서 보면 최고로 건강한 식사라고는 말하기 어려운 측면이 있다.

일즙삼채는 영양 균형이 좋지 않다

일식을 비롯한 동아시아식의 기본은 '일즙삼채(一汁三菜, 국 하나와 반찬 세 개)'이다. 일즙삼채란 다음과 같이 구성된 식단이다.

- 주식 : 뇌 활동에 꼭 필요한 탄수화물을 섭취한다.
- 국 : 음식을 삼키기 쉽게 하고, 몸을 따뜻하게 한다.
- 주 반찬 : 생선이나 고기로 단백질원을 섭취한다.
- 부 반찬 1 : 조림, 무침 등 채소를 중심으로 비타민과 미네랄을 보충한다.
- 부 반찬 2 : 절임. 부족한 영양소를 보충한다.

일즙삼채의 구성을 따르는 정식(定食)은 일반적으로 균형이 잘 잡힌 식사라고 여겨진다. 후생노동성이 발표한 '식사 섭취 기준', 단백질 13~20%, 지질 20~30%, 탄수화물(당질) 50~65%에도 잘 맞는다.

일즙삼채란?

부 반찬 1
조림, 무침 등 채소를
중심으로 비타민과
미네랄을 보충한다
주 반찬
생선이나 고기로
단백질원을 섭취한다
부 반찬 2
절임. 부족한 영양소를
보충한다
주식
탄수화물을
섭취한다
국
음식을 삼키기 쉽게 하고,
몸을 따뜻하게 한다

그런데 이 일즙삼채가 과연 균형 잡힌 식단일까? 언뜻 보기에는 균형이 맞는 듯하나 이것을 하루 세 번 먹는다고 가정해 보자. 한 끼의 칼로리는 약 700kcal이고, 그 절반인 350kcal가 당질에 해당한다. 350kcal의 당질은 90g 남짓이므로 세 끼를 다 이렇게 먹는다면 하루에 약 300g의 당질을 섭취하게 된다.

300g의 설탕을 상상해 보라. 당질을 그만큼이나 섭취하는 것이 균형 잡힌 식사라는 생각은 도저히 들지 않는다. 당질 제한식에서 목표하는 당질 섭취량(하루 100g 이하)과 비교하면 얼마나 많은 양인지 와닿는다.

애당초 일즙삼채라는 개념은 언제부터 존재했을까?

조사해보니 무로마치시대(1336~1573) 무가(武家) 사회의 혼젠(本膳, 정해진 상차림 형식에 맞춰 따로따로 차린 음식상을 대접하는 식사법)에서 유래된 모양이다.

'이렇게 오랜 역사를 가진 식문화가 몸에 나쁠 리 없다'라고 생각하는 사람도 많겠지만, 원래 혼젠은 접대용 요리이다. 상차림의 의도를 고려하면 건강식이라기보다는 만족도 높은 식사로서의 의미가 강하다고 할 수 있다. 심지어 일상적인 식사도 아니고, 특별한 날 차리는 식사여서 당시에도 일본인 전체가 그런 상차림을 생활화하지는 않았던 것 같다.

일즙삼채식은 주식과 부식(반찬)이라는 개념으로 이루어져 있는데, 앞서 설명했듯이 일즙삼채식의 주식은 영양가로 따지면 먹지 않아도 문제가 없다.

탄수화물을 아예 끊으라고까지는 말하지 않겠으나 몸에 꼭 필요한 영양소부터 섭취해야 순서가 맞으니, 이제는 식사의 대전제를 바꾸었으면 싶다. 그것이 국가의 보물과도 같은 아이들의 식생활 교육을 바로잡고, 온국민의 건강수명을 늘리는 첫걸음이다.

탄수화물 섭취는 필수 영양소를 섭취해도 여전히 배고픔이 가시지 않을 때, 디저트 대신 먹는 정도가 적절하다.

흰쌀밥은 밥그릇의 3분의 1까지만

나는 쌀밥을 '주식(主食)'이라고 부르는 것에 큰 의문을 느낀다. 꼭 먹어야 할 음식을 주식이라고 불러야 할진대 쌀밥은 굳이 먹지 않아도 되는 음식이다.

먹지 않으면 생리적으로 생명에 지장을 주는 단백질이나 지질과는 다르다. 그렇다고 갑자기 내일부터 쌀밥을 먹지 말라거나 밥을 줄이라고 말하면 받아들이기 어려울 수밖에 없다.

만약 주식으로 밥을 먹어야 한다면 허용량을 고려해서 먹도록 하자. 쌀밥 한 공기(150g)에는 53.4g의 당질이 들어있어 한 공기만 먹어도 몸의 탄수화물 대사가 크게 흐트러진다.

인슐린 추가 분비가 일어나는 당질의 양은 대략 30g 이상이라고 하니 그 이하로 조절할 필요가 있다. 반찬에도 당질이 다소 포함되어 있다는 점을 감안하면 한 끼에 허용되는 쌀밥의 양은 3분의 1 공기(50g) 정도다.

한꺼번에 씹어 삼키면 많이 먹고, 빨리 먹는다

일본인은 어렸을 때 학교에서 '삼각 먹기(三角食べ)'를 배운다. 밥, 국, 반찬을 차례차례 입에 넣은 뒤 한꺼번에 씹어 삼키는 식사법이다.

삼각 먹기는 쉽게 과식으로 이어지기 때문에 나는 이것을 안 좋게 본다. 밥, 국, 반찬을 한꺼번에 입에 넣고서 씹어 삼키는 행위는 밥을 많이 먹고, 빨리 먹게 만든다.

쌀밥을 과식하면 식후 혈당 스파이크가 일어날 뿐 아니라 위장에 큰 부담을 준다. 덮밥이나 초밥도 마찬가지다. 밥과 반찬, 국물을 한꺼번에 입안 가득히 넣고 우적우적 먹는 행위는 되도록 하지 말아야 한다.

바른 식생활 교육은 각각의 음식 재료를 따로따로 먹으며 맛보도록 하는 것이다. 입에 이것저것을 한데 욱여넣고 먹는 행위는 식문화라고도, 식생활 교육이라고도 부를 수 없다.

현미도 건강식품은 아니다

흰쌀밥이 맛은 있지만 영양가가 낮다는 점이 지적되면서 최근에는 현미밥과 잡곡밥을 먹는 사람이 늘어났다.

외식 체인점의 정식 메뉴도 흰쌀밥 대신 현미밥이나 잡곡밥을 선택할 수 있게 되어 영양소를 고려한 식사가 이전보다 보편화된 것은 좋은 일이라고 생각한다.

하지만 현미는 그저 백미에 비해 식이섬유가 많고 우수할 따름이지, 다른 식품과 비교하면 그렇게까지 건강한 식품은 아니다. 현미가 좋다는 말은 어디까지나 백미와 비교했을 때 그렇다는 뜻이다. 먹으면 혈당 스파이크를 일으키는 점은 피차일반이라 결코 건강하다고는 말할 수 없다.

미네랄, 비타민B, 비타민E 등이 함유되어 있으니까 건강하다는 식의 논리라면 현미보다 달걀이 우수하다.

밥을 제외한
반찬만 먹어라

흰쌀밥을 주식으로 하는 식문화를 방금까지도 부정했지만 이미 말했다시피 나는 전통적 식생활 전체를 부정하는 것은 아니다. 흰쌀밥을 제외한 일즙삼채는 고유하고 훌륭한 식문화라고 생각한다.

일식(부식)의 우수한 점은 아래와 같다.

- 해산물을 중심으로 영양을 섭취한다는 점.
- 날것을 적극적으로 활용하고, 고온 가열이 적은 조리법.
- 음식의 재료가 다양하다는 점.

이러한 장점을 바탕으로 권장하는 음식 및 재료는 다음과 같다.

- 회 : 회는 가열하지 않는 만큼 영양소를 온전히 섭취할 수 있어서 모든 사람에게 추천한다.

- 조개류 : 아연, 마그네슘 등 미네랄이 풍부하여 충분히 섭취했으면 하는 식품이다.
- 낫토 : 발효식품은 장내 세균을 조절하는 데 효과적이다. 단, 낫토를 먹고 복통이 발생한다면 삼가야 한다.
- 해조류 : 해조류를 적극적으로 먹는 민족은 적지만, 해조류는 미네랄과 수용성 식이섬유가 많은 식품이라 채소처럼 적극적으로 섭취해야 한다.

동양의 물은 비교적 연수(단물)여서 서양과 비교하면 물로는 미네랄을 섭취하기 어렵다. 대신 바다에서 나는 먹을거리가 풍부하니 이를 능동적으로 섭취하여 영양 관리를 할 필요가 있다.

지중해 사람들의 식습관

식사습관을 개선하려면 다른 식문화의 좋은 점도 도입해야 한다. 세계 어느 지역에도 영양 균형이 완벽한 식문화는 없다지만 의학적으로 주목받는 식문화는 있다. 바로 지중해식(地中海食)이다.

지중해식이란 이탈리아, 스페인, 그리스 등 지중해 연안 국가의 식습관이다. 2010년에 유네스코가 이탈리아, 스페인, 그리스, 모로코 각국의 식습관을 무형문화유산으로 등록했다. 2013년에는 포르투갈, 크로아티아, 사이프러스가 추가되어 주목을 모았다.

지중해식에 대한 의학적 주목은 1957년부터 50년 동안 미국 미네소타 대학의 앤셀 키스 박사가 중심이 되어 일본, 미국, 핀란드, 네덜란드, 이탈리아, 유고슬라비아, 그리스 7개국에서 진행한 역학 연구에 기인한다.

이 연구에 따르면 지중해 연안 국가에서는 고지방식(高脂肪食)을 많이 먹는데도 이상지질혈증이 적고, 동맥경화로 인한 협심증이나 심근경색, 뇌졸중 같은 혈관계 질병도 적은 것으로 드러났다.

실제 지중해식에는 아래와 같은 특징이 있다.

- 견과류와 올리브유를 많이 사용한다.
- 붉은 고기는 비교적 적고, 주로 생선과 닭고기를 활용한다.
- 곡물은 통곡물로 고르고, 콩도 자주 사용한다.
- 유제품은 치즈와 요구르트가 중심이다.
- 과자 소비는 절제한다.
- 적당히 레드와인을 마신다.

지중해식은 일식과 비슷하게 해산물이 풍성하여 참고할 만한 부분이 많다. 반면 지중해식과 달리 우리의 식생활에 부족한 재료는 지질이다. 나는 지질을 꼭 보충해야 한다고 본다.

동아시아에는 참기름이 있으므로 질 좋은 기름을 십분 활용하면 의학적인 측면에서도 무척 강력한 식사가 될 것이다. 나는 두부, 채소, 낫토에 참기름이나 올리브유를 넉넉히 사용하여 일식에 부족한 부분을 보충하고 있다.

지중해식 피라미드

지중해형 식생활에서 섭취하는 식품과 빈도. 아래로 갈수록 자주 많이 섭취하고, 위로 갈수록 적게 섭취한다

소고기는 몸에 나쁘다?

여기까지 '지질이 인간에게 가장 안전한 영양소'라는 점을 이야기했다. 그렇지만 지질도 여러 종류로 나뉘는데, 일괄적으로 안전하다고 말할 수 있을까? 이 의문은 나 또한 몹시 관심이 있는 부분이다.

일반론에 따르면 불포화 지방산은 안전하고 포화 지방산은 안전하지 않다.

포화 지방산으로는 이른바 동물성 지방에 해당하는 소고기와 우유 등이 있다. 등푸른생선과 아마씨유 등이 불포화 지방산에 속한다.

대장암의 경우 붉은 고기보다 닭고기, 생선, 식물에 들어있는 기름 쪽이 발병률이 낮다는 연구결과가 있다. 단, 오차 범위의 가능성도 존재하므로 각자 가능한 범위에서 실천하는 편이 좋다고 생각한다.

목숨과 직결되는 심혈관 질환이나 뇌혈관 질환은 어떨까? 대장암처럼 섭취하는 지방의 종류에 따라 차이가 날까?

이와 관련해서는 '차이가 없다'는 연구와 '차이가 있다'는 연구가 모두 존재하여 당질 제한을 추천하는 의사 사이에서도 견해가 갈린다.

유의미한 차이가 있다는 연구에서는 불포화 지방산을 많이 섭취하면 뇌졸중 위험을 낮추는 데 유효하다는 결과가 나왔다. 반면 유의미한 차이가 없다는 연구에서는 포화 지방산을 섭취해도 심혈관 질환 발생에 영향을 미치지 않는다는 결론을 내렸다.

이러한 식생활 관련 연구에는 '피험자의 식사에 얼마나 개입했는가'라는 문제도 있다. 예를 들어 재료의 조리법(저온 조리, 고온 조리)이라든가 질은 어땠을까? 소고기도 곡물을 강제로 먹인 소와 풀을 먹인 소는 육질이 전혀 다르다.

대규모 연구이다보니 그렇게까지 관여하기는 어렵겠지만 그런 요소에서 결과가 달라질 가능성도 없지 않다.

어쨌든 현 단계에서는 알레르기 문제까지 고려하면 소고기, 돼지고기보다는 생선, 닭고기가 안전성이 높다고 볼 수 있다.

지방산의 종류

		지방산의 예	식품의 예
포화 지방산		뷰티르산, 옥탄산, 팔미트산, 스테아르산	우유, 돼지기름, 소기름, 코코넛오일
불포화 지방산	단일 불포화 지방산	올레산	올리브유, 유채유, 견과류
	다가 불포화 지방산	DHA, EPA, 알파리놀렌산, 리놀레산, 아라키돈산	꽁치, 고등어, 정어리, 방어, 장어, 아마씨유, 들기름, 면실유(목화씨 기름), 해바라기씨유, 콩기름, 달걀

출처 : 〈모리나가 제과〉 홈페이지

다만 실제 식사에서는 '오늘은 소고기였으니까 내일은 생선, 모레는 닭고기'와 같이 재료에 변화를 주는 사람이 많을 듯싶다. 매일매일 소고기나 돼지고기만 먹는 사람은 없을 터이므로 편식하지 않도록 주의하고 있다면 일단 문제가 없다.

물론 더 건강해지고 싶은 사람, 심근경색을 앓아 재발의 우려가 있는 사람은 불포화 지방산을 주로 섭취해야 더 안전하다는 점은 분명하다.

제8장

당질 제한으로 올바르게 다이어트하기

대다수의 사람이 식단 조절을 하는 이유는 역시 살빼기가 아닐까 싶다. 때문에 근래에는 '다이어트 = 살 빼는 법'이라고 여겨지는 구석이 있지만 본디 다이어트란 '건강 증진을 위한 식이요법'을 의미한다. 이번 장에서는 다이어트를 해봐도 좀처럼 몸이 달라지지 않아 고민하는 사람을 위해 새로운 다이어트 방법을 제시하고자 한다. 이 다이어트는 과도한 감량을 목표하지 않는다. 인간 본연의 에너지 생성 회로인 '지방산 - 케톤체 회로'를 활성화하여 건강한 체형이 되는 것을 목표로 한다.

칼로리 과잉 섭취로 살찐다는 옛말

후생노동성에서 공표한 '식사 섭취 기준'에는 에너지 섭취량이 에너지 소비량을 웃돌 때 몸무게가 증가한다고 적혀있다. 즉, 당질을 먹건 단백질을 먹건 지질을 먹건 섭취한 칼로리가 소비한 칼로리보다 많으면 살이 찐다는 단순한 모델을 채택했다.

이 모델은 확실히 기본 개념으로서는 옳지만 식사 내용에 따라 에너지 소비량도 달라진다는 점은 다루지 못한다.

구체적으로 살펴보면 에너지 소비량은 '기초대사량 + 활동량(운동) + DIT'이며, 각 요소의 비율은 기초대사량이 60%, 활동량이 30%, DIT가 10%라고 한다.

DIT(Diet-induced Thermogenesis)란 음식을 먹었을 때 이를 소화하기 위해 소비되는 에너지를 가리킨다.

당연하게도 살은 에너지 소비가 많을수록 쉽게 빠진다. 그런데 당질을 제한하고, 단백질을 과하게 섭취하지 않으면 몸속에서 단백질과 지질로 포도당을 만들어내는 포도당 신생합성 회로가 가동되어 기초대사량(에너지 소비)이 늘어난다.

이뿐만이 아니다. DIT에 의한 에너지 소비량도 달라진다. 식사를 통해 몸속에 흡수된 영양소는 분해되면서 일정량이 체열로 변해 소비된다.

열로 변환되는 비율은 당질이 6%, 지질이 4%, 단백질이 30%이다. 단백질만 먹었다고 가정하면 섭취한 에너지의 30%가 열로 바뀌어 소비된다는 뜻이다. 요컨대 섭취 칼로리보다는 무엇을 먹고, 무엇을 먹지 않을까를 생각해야 살빼기가 쉬워진다.

살찌는 원인은
인슐린 추가 분비

앞서 언급했다시피 '살찐다 = 칼로리 과잉 섭취'라는 사고방식은 낡은 생각이다.

인체의 칼로리 소비량(특히 기초대사량)은 식사 내용에 따라 크게 달라지는데, 기초대사량이 낮아지는 원인은 과도한 당질 섭취로 인한 고인슐린혈증(인슐린 추가 분비)에 있다. 인슐린이 분비되면 포도당 신생합성이 억제되기 때문에 에너지 소비량의 큰 비율을 차지하는 기초대사량이 낮아져 살이 찌기 쉬워진다.

예전에는 3대 영양소 중 하나인 지질을 많이 섭취하면 비만이 생긴다고 보았다. 그러나 지질만 섭취했을 때는 인슐린 추가 분비가 거의 없으므로 이론상 말이 되지 않는다.

저지방식 혹은 저탄수화물식을 지속하는 경우에는 저탄수화물식 쪽이 몸무게 조절에 효과적이라는 사실도 이미 밝혀졌다.

그럼 '지질을 먹으면 살이 찐다'라는 말은 순 엉터리일까? 그렇지는 않다. 지질을 섭취하고 살이 찌기도 한다. 하지만 그것은 지질과 당질을 함께 먹었을 때의 일이다. 당질이 많은 상태에서 섭취한 지질은 피하지방으로 흡수되어버리기 때문이다.

실제 식사에서 오로지 지방만 먹는 사람은 극히 드물다. 나는 가끔 버터만 먹기도 하지만 일반인들에게는 상당히 비상식적으로 보이긴 할 테다. 그럼에도 불구하고 식단에서 지방 섭취를 늘리는 것은 꼭 필요하다.

결국 핵심은 당질, 지질, 단백질의 에너지 비율을 어떻게 하느냐이다.

지방도
뇌의 에너지원으로 쓰일 수 있다

뚱뚱한 사람과 마른 사람의 가장 큰 차이는 무엇일까? 평소 사용하는 에너지 회로의 종류에 그 답이 있다.

인간의 에너지원에는 포도당과 케톤체 2가지가 있다.

포도당은 당질의 최소 단위이다. 밥, 빵, 면 같은 탄수화물에서 얻은 당질은 대부분 포도당으로 분해되어 에너지원으로 쓰인다.

케톤체는 지방의 일종이며, 몸에 축적된 중성지방을 간에서 분해해 에너지로 이용할 수 있게 된 상태의 지방산을 말한다. 구체적으로는 아세토아세트산, 베타하이드록시뷰티르산, 아세톤 등이 있다.

케톤체는 뇌가 이용하는 에너지원으로도 쓰일 수 있다. 과거에는 '뇌는 포도당만 에너지원으로 쓴다'가 정설이었으나 현재는 그렇지 않다는 것이 확인되었다.

여러분도 장시간 밥을 먹지 않았을 때, 중간까지는 못 견디게 배가 고프다가 어느 시점부터 갑자기 공복감이 사라지더니 머리가 맑아진 경험이 있지 않은가? 이는 몸의 에너지원이 포도당에서 케톤체로 전환되어 생기는 현상이다. 이런 상태에 돌입하면 마음이 차분해지고, 머리가 팽팽 돌아가서 다양한 아이디어가 샘솟는다고 한다.

내가 생물의 역사를 고찰한 바에 따르면 포도당은 이차적인 에너지원이며, 케톤체를 통한 에너지 이용이야말로 생물의 근원에 가깝다.

뚱뚱한 사람과 마른 사람의 차이

인간에게는 포도당과 케톤체를 각각 이용하여 에너지를 만드는 2가지 회로가 있다. '포도당-글리코겐 회로'와 '지방산-케톤체 회로(지방 연소 사이클)'이다. 인간은 이 2가지 회로를 사용하여 에너지를 얻는다.

어느 에너지 회로를 우선해서 사용하느냐는 각자의 식사 내용에 따라 달라진다. 당질 위주의 식사를 하는 사람은 '포도당-글리코겐 회로'를 써서 에너지를 만들고, 지질을 중심으로 당질이 적은 식사를 하는 사람은 '지방산-케톤체 회로'의 사용 비율이 높다.

포도당-글리코겐 회로를 주로 사용하는 사람은 체지방 자체가 분해되기 어려워 겉모습이 뚱뚱해 보인다. 반면 지방산-케톤체 회로를 활용하는 사람은 체지방이 소비되므로 살이 잘 찌지 않는 경향이 있다.

몸속에서 에너지를 만드는 시스템

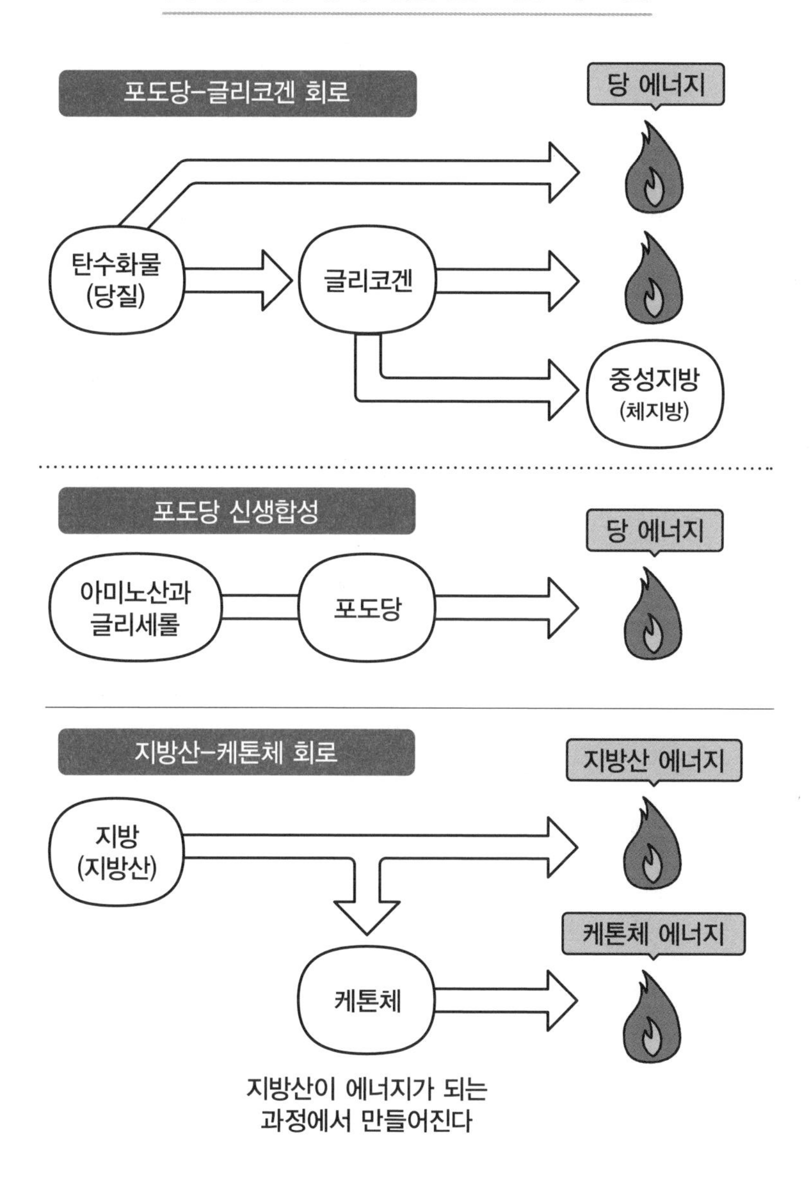

쭉 설명한대로 당질은 마치 산소처럼 우리 몸에 없어서는 안 되지만 지나치게 많아지면 몸속에서 염증을 일으켜 건강을 망가트린다.

그런 사태가 일어나지 않도록 몸에 당질이 대량으로 들어올 시에는 지방산-케톤체 회로가 아닌 포도당-글리코겐 회로가 앞장서서 에너지를 만든다.

과도한 당질이 몸에 독이나 다름없으니 독을 제거하기 위해 나서는 것이다. 그래서 당질을 섭취하는 한은 포도당-글리코겐 회로를 중심으로 에너지가 생성되어 살을 빼기 어려운 상태가 된다.

살찐 사람은 사실 영양부족이다

통상적으로 '살찜 = 과식 = 영양 과잉'이라고 여기는 사람이 많은 듯하다.

놀라울지도 모르겠지만 실은 '살찐 사람 = 영양 부족'인 사례가 수두룩하다. 왜냐하면 살찐 사람들은 대부분 당질에 편중된 식사를 하기 때문이다.

당질에 치우친 식사를 하면 몸을 구성하는 지질과 단백질이 부족해져서 체지방은 있는데 나머지 신체조직은 굶주린 상태가 된다.

인간이 기아 상태에서 먹는 것을 참을 수 있을까? 그럴 리 없다. 나라면 절대 못 참는다.

영양이 충족된 상태라면 다소 배가 고프더라도 하루쯤은 어떻게든 견딜 수 있겠지만 말이다.

만약 '살찜 = 영양 과잉'이라면 원래 하루 정도는 먹지 않아도 고통스럽지 않아야 한다. 그럴 수 없다는 것은 영양소가 질적으로 부족한 상태일 가능성이 높다는 뜻이다.

'살찜 = 영양 과잉'으로 간주하여 안이하게 섭취 칼로리를 줄이는 방식은 다이어트 전략으로는 부족하다. 효과가 좋기는커녕 괜히 시간만 허비하게 된다.

텔레비전 방송 등에서 다이어트라는 명목으로 뚱뚱한 연예인을 단식원에 보내거나 채소만 먹이는 식의 기획이 더러 나오는데, 내 눈에는 굶주린 사람에게 더 극심한 절식을 강제하는 학대로밖에 보이지 않는다.

필수 영양소부터 제대로 챙겨 먹어라

나는 저녁마다 탄수화물(쌀밥)을 딱 끊고, 지방이 꽤 많은 돼지고기와 양배추만 식사 메뉴로 상에 올린다(당질 제한을 하기 전에는 흰쌀밥을 약 150g부터 많게는 350g까지 먹었다). 이것이 내가 10년 넘도록 지속해온 당질 제한 방식이다.

당질 제한 전 72kg였던 몸무게는 60kg으로 줄었고, 지금껏 변함없이 유지되고 있다.

몸무게 감량은 첫 단추가 중요하다. 비만을 기아 상태라고 가정하면 먹지 않는 다이어트는 적절하지 않다. 굶기보다는 제대로 먹기부터 시작하여 다이어트에 대한 장벽을 낮추어야 한다.

당질 제한으로 다이어트를 한다면 처음에는 다음 중 하나의 방법으로 시작하는 편이 좋다.

① 저녁에 탄수화물을 줄이고, 고기와 생선을 많이 먹는다.

② 아침을 거르거나 탄수화물이 없는 버터 커피(방탄 커피) 혹은 달걀 요리로 바꾼다.

③ 점심때 먹는 메뉴에서 밥을 빼거나 우동, 라면을 끊고 닭고기 샐러드를 먹는다.

핵심은 지질을 늘려 만족감을 자아내는 데 있다. 갑작스럽게 탄수화물을 끊을 필요는 없으나 당질 섭취량은 하루 100g 이내, 1식당 30g 이내로 제한하도록 한다.

참고로 일반적인 주식에 함유된 당질의 양은 쌀밥 한 공기가 50g, 빵 30g, 우동 60g, 메밀국수 50g이다.

건강식으로 여겨지는 메밀국수도 한 그릇을 다 먹으면 인슐린 추가 분비가 일어나서 그날은 살이 빠지지 않는다.

배가 잔뜩 불러야만 먹은 것 같다면

평소 탄수화물을 즐겨 먹는 사람은 탄수화물 특유의 '위가 찢어질 듯한 배부름'에 익숙해져 있다. 그러나 배가 터질 것 같은 포만감은 본래 비정상적인 상태이다. 음식을 맛보고 만족하기보다 그저 배불리 먹는 일 자체가 식사의 목적일 가능성이 높다.

이런 상태가 매일 이어지면 위장에 부담을 줄뿐더러 비만과 생활습관병의 원인이 된다.

소화기과에는 '트림이 신경 쓰인다', '명치 부근이 답답하다'와 같은 증상으로 진찰받으러 오는 사람이 많은데, 대부분은 과식이 원인이다.

무엇보다 큰 문제는 자신이 과식했는지조차 의식하지 못한다는 점이다. 혹시 자신도 이와 비슷하다는 생각이 든다면 먼저 정상적인 식욕부터 되찾아야 한다.

나는 당질 제한을 시작했을 당시 돼지고기 아니면 닭고기를 버터에 구워 먹었다. 그때 고기의 무게를 기록해서 내가 몇 그램을 먹었는지 파악했다.

또한 요리에 소금 이외의 조미료는 쓰지 말아야 한다. 후추, 간장, 소스 같은 식욕을 돋우는 조미료 없이 기름이나 버터만 써서 굽는 것이 관건이다.

거의 맛을 내지 않았으니 당연히 먹다 질리겠지만 '질렸다, 이제 됐다'라고 생각한 양이 자신의 정상적인 위 용량이고, 정상적인 포만감이다.

아마 100g쯤 먹고 질리는 사람도 있으리라 예상한다. 생각보다 못 먹어서 어리둥절할지도 모른다. 소화기과 의사인 나도 어안이 벙벙했던 기억이 있다.

탄수화물과 조미료의 그늘에서 생활하는 현대인은 사실 '먹는다'기보다 '먹게 되는' 상태에 가까울 성싶다. 이러한 현실을 알아차리지 못하면 언제까지고 식사의 노예로 남게 된다.

본디 식사란 싱겁고 재미없는 일이다. 식사는 즐기기 위해서가 아니라 에너지를 얻기 위해서 존재하기 때문이다.

기름 없는 드레싱은 ×,
마요네즈는 ○

앞에서 언급했듯이 먹어도 살이 찌지 않는 지질은 다이어트의 제일가는 아군이다. 게다가 지방은 칼로리가 높아서 단백질보다 포만감이 크다.

나도 탄수화물을 제한한 식사가 습관화되기 전까지는 돼지고기 등심을 먹거나 버터를 곁들여서 포만감이 들도록 했다. 비상식적인 다이어트 식단으로 보이겠지만 핵심은 지방을 잘 활용하는 것이다.

이때 주의할 사항은 지방은 만족스러울 때까지 먹어도 상관없으나 당질과 함께 섭취해서는 안 된다는 점이다. 그랬다가는 지금보다 더 살이 찔 가능성이 높다.

다이어트에는 엄밀한 규칙이 있으므로 편한 부분만 골라 실천하는 것은 금물이다.

위장에 부담을 주지 않으면서 포만감이 들게 먹으려면 기름과 조미료도 중요하다.

샐러드에는 설탕이 들어간 시판 드레싱 대신 올리브유나 참기름을 넉넉히 둘러 먹으면 더 든든하다. 기름은 혈당을 올리지 않고, 장내 세균에 유익하다.

다이어트를 하면서 평소 사용하던 드레싱을 기름이 없는(Non-oil) 종류로 바꾸는 사람이 있는데, 그러면 오히려 살이 찐다. 드레싱은 기름, 소금, 식초뿐이라면 살찌지 않지만 기름을 뺀 논오일 드레싱은 당질로 만족감을 주려고 하는지라 다이어트의 적이라고 해도 무방하다.

저지방 요구르트 같은 상품도 무의미하기는 마찬가지다. 저당질 상품이라면 모를까, 저지방을 내세우는 상품은 기본적으로 소비자의 몸보다 상품의 이미지를 우선하고 있다고 여겨야 한다.

조미료와 관련해서는 마요네즈를 두루 이용하는 방법도 있다.

마요네즈는 살찌는 조미료의 대명사가 되어버려서 자제하는 사람이 적잖을 듯싶다. **그렇지만 마요네즈도 거의 기름이므로 탄수화물과 함께 섭취하지 않으면 살찌지 않는다.** 샐러드에 추가해도 좋고, 달걀 요리나 참치에 뿌려 먹는 조합도 포만감이 크다.

반면 케첩, 돈가스 소스 등은 당질이 상당히 많기 때문에 되도록 멀리해야 한다. 어쩌면 일반적인 이미지와는 정반대일지도 모르겠다.

간장은 당질이 적은 한편으로 염분이 많은 조미료이니 정도껏 내에서는 사용하기를 권장한다.

커피로 포만감을 느낀다

조미료와 관계없이 커피로 포만감을 느끼는 방법도 있다.

커피는 교감신경을 자극하고 식욕을 억제하는 효과가 있어 아침에 마시면 좋다. 나 역시 아침에 커피를 마신다. 최근 연구에서도 커피는 하루에 몇 잔 정도라면 몸에 이로운 영향을 주는 것으로 나타났다.

최근 유행하는 버터 커피(방탄 커피)도 추천한다.

버터 커피는 보통 블랙커피에 버터와 MCT(중쇄지방산)오일을 섞어 만든다. 지질을 추가했기에 식사 대용으로도 마실 수 있다. 이미 설명했다시피 지질 자체는 흡수가 느려서 탄수화물과는 다른 의미로 속이 든든하고, 에너지가 지속되어 공복감을 줄여준다.

출출할 때 먹으면 좋은 간식

다이어트 중 출출할 때 무엇을 먹느냐는 매우 중요한 문제이다. 이때 빵이나 디저트를 먹어버리면 혈당이 올라가서 다이어트가 어려워진다.

간편하게 먹을 수 있으면서 혈당을 높이지 않고, 포만감이 큰 식품으로 견과류를 추천한다. 견과류는 단단한 만큼 씹는 맛이 좋은데다가 오메가3 지방산과 비타민E가 풍부하여 영양가도 높은 식품이다.

그중에서도 아몬드와 호두는 미네랄과 질 좋은 지질이 많고 당질은 적어서 나는 낮이건 밤이건 출출할 때 먹는다.

견과류는 일하면서 먹을 간식으로 좋을 뿐 아니라 아이들이 공부 중간중간 먹는 간식으로도 이상적이다.

공부 도중에 단 음식을 먹으면 30분 뒤 혈당이 올라가 인슐

견과 150kcal당 당질량

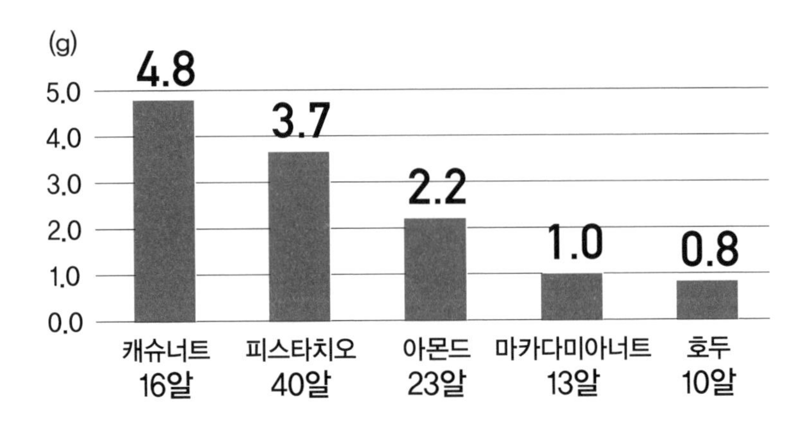

출처 : 〈토요너트 식품〉 홈페이지에 실린 도표를 바탕으로 작성

린이 분비되고, 그 결과 졸음이 쏟아져서 공부가 잘되지 않는다. 공부하는 동안에는 단것을 자제하고, 견과류나 잔고기 등을 간식이 필요할 때 섭취하는 편이 혈당치가 급변하지 않아 공부에 유리하다.

아이 간식으로 무엇이 좋을지 고민하는 보호자라면 견과류를 꼭 시도해보기 바란다.

당질 제한 다이어트 시 주의할 점

다이어트를 시작하고 첫 2주는 그동안 주로 사용하던 에너지 회로가 '포도당 회로'인 경우 그것을 '케톤체 회로'로 전환하는 기간이다. 요요현상 없는 다이어트를 진행하려면 반드시 케톤체 회로로 에너지를 얻어야 하는데, 회로가 전환되는 과정에서 일시적인 부작용이 생기기도 한다.

여기부터는 당질 제한 다이어트 시 주의해야 할 점을 설명하겠다.

저혈당 증상

여태 당질을 많이 먹던 사람이 별안간 당질 섭취를 줄이면 일시적으로 저혈당이 나타난다. 이것은 당질을 섭취하지 않아도 단백질과 지질로 포도당을 만들어내는 '포도당 신생합성 회로'가

곧장 가동되지 않아 일어나는 현상이다. 포도당 신생합성 회로가 돌아가기 시작하면 저혈당이 나타나지 않고, 살도 빠진다.

다만 그러기까지 1~2주 정도 시간이 걸린다. 내 경우는 당질 제한을 시작하고 1주 뒤쯤 저혈당 증상이 나타났다.

당질 제한 다이어트가 위험하다고 주장하는 사람들은 흔히 이 점을 지적한다. 그 말대로 저혈당은 위험하지만 어디까지나 일시적인 현상인지라 대처할 수 있다.

오히려 나는 지나친 당질 섭취의 반작용으로 일어나는 반응성 저혈당이 생리적인 저혈당이 아니기 때문에 위험하다고 생각한다.

에너지 부족

후생노동성에서 권장하는 칼로리 섭취량은 1식당 800kcal 정도로 그 절반인 400kcal는 당질이다. 따라서 당질을 제한하려 탄수화물은 쏙 빼고 원래 먹던 정도의 반찬만 먹는다면 1식당 섭취량이 400kcal가 된다.

성인 남성을 예로 들면 400kcal만 섭취해서는 에너지가 부족할 수밖에 없다. 탄수화물을 뺀 만큼 반찬(고기, 생선, 지방)을 늘려 대응해야 한다. **당질 제한을 하려다가 저칼로리 다이어트**

를 하게 되는 사람도 있으니 주의가 필요하다.

과거에 저칼로리 다이어트를 했던 사람은 먹지 않아야 살이 빠진다는 잘못된 인식이 남아있어서 무의식적으로 식사량을 제한하기 쉽다.

당질 제한을 진행하면서 고기와 생선의 섭취량을 늘리는 데 거부감이 든다거나 식비 증가가 신경 쓰이는 사람도 있을 텐데, 이 또한 한때다. 몸속에 단백질과 지질이 충족되면 자연스럽게 먹는 양이 줄어든다.

케톤 냄새

당질 제한을 시작하고 일시적으로 체취가 바뀌는 사람도 있다. 당질 제한의 영향으로 케톤 냄새(시큼한 냄새 또는 암모니아 냄새)가 나서 얼마간 체취가 달라진다고 한다.

이 케톤 냄새는 기아 상태에서 발생하는 케톤 냄새와는 다르며, 위험을 알리는 신호가 아니다. 그저 일시적인 현상일 따름이라 시간이 지나면 사라진다.

다이어트 중에 절대 먹으면 안 되는 음식

콜라로 대표되는 가당 음료라든가 에너지 음료 등은 다이어트 중은 물론 평소에도 마셔서는 안 된다. 단당류 당질이 대량 함유된 액체여서 소화 과정을 거치지 않고 급격하게 혈당을 끌어올린다. 몸에 미치는 영향은 곡물에 들어있는 탄수화물에 비할 바가 아니다.

콜라는 마시지 않지만 스포츠 음료, 채소 주스, 캔 커피를 즐겨 마시는 사람도 주의해야 한다. 이런 음료에도 비정상적으로 많은 당질이 포함되어 있다.

다이어트를 할 작정으로 채소 주스를 마셨는데 고혈당이 되는 사람도 있으니 각별한 주의가 필요하다. 과일에 함유된 과당(과일의 당질, 프럭토스라고도 불린다)은 혈당을 잘 올리지 않아 일반적으로는 안전한 당질로 여겨진다.

그러나 과당도 가당 음료 못지않게 주의해야 할 당질이다. 과당은 혈당을 올리지는 않지만 빠르게 중성지방으로 전환되어 그만큼 살찌기 쉬운 당질 가운데 하나이다. 다이어트 중이라면 과일은 자제해야 하고, 시판되는 과일 주스는 더욱 위험하니 절대 섭취해서는 안 된다.

여기까지 다이어트 시 필요한 사고방식을 살펴보았다. 본래 다이어트란 몸무게 감량이 아니라 알맞은 식사 조절을 의미한다. 하지만 최근에는 '다이어트 = 감량 = 살을 뺀다'라는 의미로 사용되고 있어 의아하기도 하다.

식이요법을 몸무게 감량 목적으로 행해서는 안 되며, 적절한 영양소를 섭취하여 결과적으로 그 사람에게 적정한 몸무게에 도달하는 것이 중요하다. 모델처럼 지나치게 깡마르기 위해 식사를 조절해서는 안 된다는 점을 덧붙여둔다.

제9장

식사를 바꾸면 장수할 수 있다

마지막으로 모두의 관심사인 노화 방지에 관해 설명하고자 한다. 지금부터 소개할 권장 식사법은 그 실천만으로도 노화를 방지시킬 수 있다. 이번 장의 내용은 제1장부터 제8장까지 차근차근 쌓아올린 지식을 집대성한 것으로 현대 의학으로 밝혀진 식생활 지식의 정점에 가깝다고 해도 과언이 아니다.

애초에
노화란 무엇인가

내 외모는 프롤로그에서 말했듯이 예전에는 탄수화물을 많이 먹어 뚱뚱했다. 지금의 체형은 식사를 당질제한식으로 바꾸고서 얻은 결실이다. 좋아하는 음식을 실컷 먹고서 거저 얻은 것이 아니다.

바꾼 식생활도 최신 의학 정보를 바탕으로 매일 조금씩 수정하여 진화하고 있다. 식생활을 하루아침에 뜯어고치기란 불가능하다. 시행착오를 겪으며 한 걸음 한 걸음 이상에 가까워지는 수뿐이다.

딱히 자랑하고 싶어서가 아니라 의사라면 자기 외모를 설득의 재료로 삼아 진료해야 한다고 생각한다. 환자 입장에서도 고혈압이나 당뇨병과 관련해 의사에게 식사지도를 받을 때 의사가 뚱뚱하면 어쩐지 의구심이 들지만, 날씬하고 건강해 보이면 수긍이 가지 않을까 싶다.

나는 현재 만 53세인데 주위에서 실제보다 젊게 볼 때가 많다. 내 입으로 말하려니 겸연쩍지만 몸이 호리호리하고 피부가 반들반들해서 그렇게 보이는 듯싶다.

사람도 동물도 성장기를 지나면 노화 현상이 진행되어 언젠가는 죽음을 맞이한다. 이는 절대로 피할 수 없는 운명이지만 그 속도를 늦출 수는 있다.

애초에 노화란 무엇일까? 노화는 시간이 지남에 따라 생리적인 기능이 쇠퇴하는 현상으로 정의된다.

인간은 대략 37조 개의 세포로 이루어진 세포의 집합체이며, 개별 세포의 손상이 누적되면 장기 기능이 저하하여(노화) 결국 죽음에 다다르는 것으로 알려져있다.

반대로 말하면 세포 하나하나에 손상을 주는 요인을 제거하면 몸 전체의 노화를 늦출 수 있다는 얘기가 된다.

생물의 세포는 분열하는 횟수가 정해져있다. '세포 분열을 멈춘 세포 = 노화한 세포'라고 정의할 수 있다. 각 조직(세포의 집합체)에서 노화한 세포의 수가 늘어날수록 조직이 기능하지 않게 되어 이윽고 개체 전체의 죽음을 초래한다.

그렇다면 어떻게든 세포의 분열 횟수를 늘리면 되는 걸까?

안타깝게도 개별 세포는 정해진 횟수 이상은 분열하지 못한다. 일정 횟수만큼 세포 분열을 반복했거나 DNA가 손상된 세포는 활동을 그만두고 휴면 상태에 들어간다(이를 세포 노화라고 부른다). 이것은 오래된 세포가 암이 되지 않도록 방지하기 위한 시스템으로 추정된다.

세포 노화가
만성 염증을 유발한다

노화한 세포가 휴면 상태를 유지한다면야 아무런 문제가 없다. 문제는 이것이 건강한 세포를 손상하는 물질(세포 노화와 관련된 분비 인자)을 분비한다는 점이다.

노화한 세포의 수가 적으면 자가면역으로 제거할 수 있지만 많아지면 제거가 되지 않아 조직에 만성 염증이 발생한다. 이것이 노화를 가속함과 동시에 암 발생 확률을 높인다.

염증에는 급성 염증과 만성 염증이 있다.

급성 염증은 몸에 상처가 났을 때 생기는 화농, 화상 등의 현상으로 '염증의 4대 징후'라고 불리는 열감, 발적, 부종, 동통(국소적으로 열이 나고 빨갛게 부어 아픔)을 동반한다. 염증이 심할 경우에는 아문 자리에 흉이 져서 피부가 딱딱해지는 섬유화 현상이 나타나기도 한다.

만성 염증이 일으키는 주된 질환

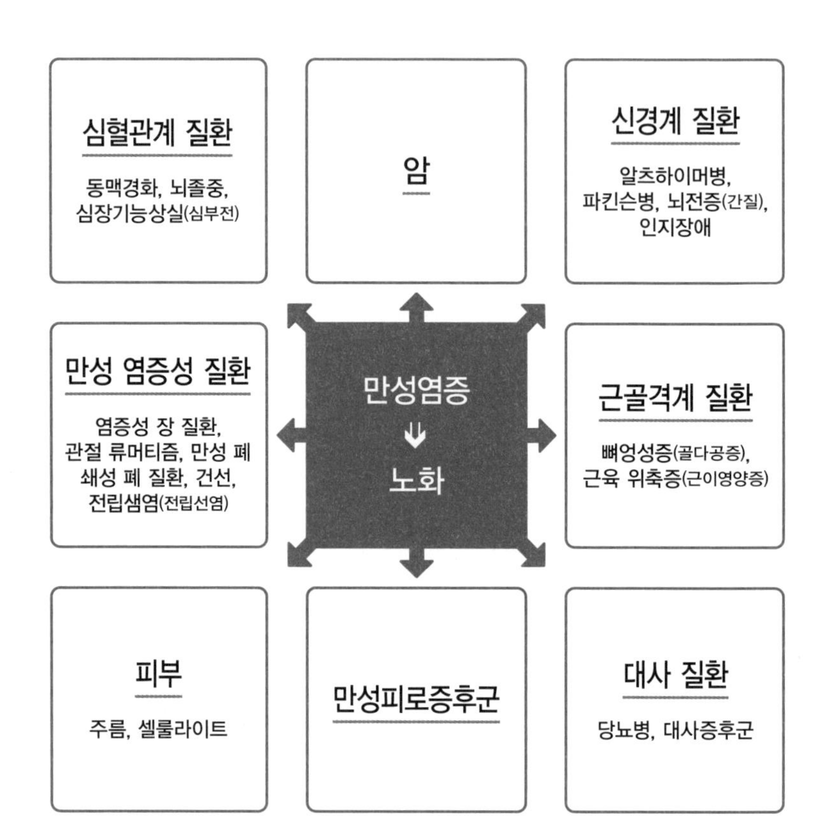

만성 염증은 급성 염증처럼 붉게 부어오르거나 통증을 동반하지는 않으나 장기간에 걸쳐 지속되면서 조직의 섬유화를 일으킨다.

섬유화를 일으킨 조직은 제 기능을 다 하지 못할뿐더러 정상적인 조직을 압박하기 때문에 최종적으로는 만성 염증이 생긴 장기 자체의 기능이 상실된다.

예컨대 바이러스성 간염은 만성 염증의 전형이다. 바이러스 감염에 의해 간의 섬유화가 진행되면 간경변(간경화)이 나타나 결국 간기능상실(간부전)을 일으킨다.

간경변은 일단 발병하면 완치가 어렵다. 눈에 보이는 증상이 없더라도 만성 염증은 매우 무서운 질병이다.

비만은 노화를 가속시킨다

만성 간염과 간경변은 바이러스 감염에 의한 만성 염증이지만 일상적인 식사가 원인이 되는 비만도 만성 염증을 일으킨다는 점에서 주목할 필요가 있다. 비만을 방치하면 지방세포에서 만성 염증이 발생한다.

피하지방이나 내장지방에서 섬유화가 일어나면 더 이상 지방을 축적하지 못하게 된다. 그러면 간, 뼈대근(골격근), 혈관 내피 등 원래는 지방이 축적될 리 없는 조직에 지방이 축적되어 당뇨병, 심근경색 등의 질병을 유발한다.

다시 말해 피하지방과 내장지방이 지방을 저장하는 동안은 그나마 나은 셈이다. 그마저 불가능해지면 온몸의 장기에 지방이 들러붙어서 기능을 떨어뜨린다.

그리고 이 같은 상태를 초래하는 것이 '그을음(당화)'과 '녹(산화)'의 동반작용이니, 비만은 "똥배가 나왔네!" 하고 가볍게 웃어넘길 일이 아니다.

장수란 약을 먹기만 하면 어느 날 갑자기 달성되는 결과가 아니다. 만성 염증을 억제함으로써 얻을 수 있는 성과이다.

수명의 열쇠를 쥔
장수유전자

아무리 비만이 수명에 영향을 미친다고 설명해도 '어쨌거나 유전자의 영향이 가장 크지 않을까?'라고 생각하는 사람들이 있다. 실제로 내 주변에도 "부모님이 ○○살까지 사셨으니까, 그 유전자를 물려받은 나도 그쯤 살겠지"라고 막연히 짐작하는 사람이 꽤 많다.

그러나 현재로서는 유전이 수명에 미치는 영향은 20~30%에 불과하며, 나머지 70~80%는 생활습관과 같은 환경 요인에 좌우된다는 가설이 고려되고 있다. 이 수치는 쌍둥이 조사 결과로도 뒷받침되어 어느 정도 신빙성을 갖춘 자료라고 판단된다.

부모가 단명했다고 해서 그 유전자를 물려받은 자식까지 단명할 확률은 낮다.

수명을 결정하는 요인의 대부분은 생활습관에 있다. 그렇다면 어떻게 해야 수명을 연장할 수 있을까?

노화를 늦춰 수명을 연장한다고 알려진 유전자는 여럿 존재하지만 보통 '장수유전자'라고 총칭된다(포크헤드 전사인자, 시르투인 등 매우 복잡하므로 이 책에서는 장수에 영향을 미치는 유전자를 통틀어 장수유전자라고 표기하겠다).

장수유전자는 어느 생물에나 기본적으로 갖춰져있으며, 생물의 수명 연장에 기여한다. 장수유전자가 활성화되면 몸속에서 발생하는 만성 염증과 산화 스트레스를 조절하여 수명을 연장하는 방향으로 작용한다.

이러한 장수유전자는 생활습관에 의해 활성화되는데, 반대로 생활습관이 나빠지면 활성화되지 않는다. 여기서 말하는 생활습관이란 단식과 칼로리 제한을 가리킨다. 생활습관이 나빠졌을 때는 수명 연장을 그만두고, 당장 몸에 일어난 위기부터 극복하도록 설계된 까닭이다.

요컨대 생물은 생활습관이 나빠지면 나빠진 대로 몸 상태를 조정하여 생명의 위기를 극복하려하고, 그러느라 수명 연장을 포기한다.

이렇게 생물의 장수를 가로막는 생활습관 악화의 대표적인 사례가 과식이다. 과식으로 인한 비만은 지금 몸이 직면한 위기를 극복해서 목숨을 보전하기 위해, 세포가 유전자의 활동을 제어한 결과 일어난 현상이라고 할 수 있다. 그 대가로 수명 연장을 포기하고서 말이다.

장수를 방해하는 2가지 스위치

과식이 생물의 수명 연장을 저지한다고 설명했는데, 그 사태를 일으키는 스위치가 2가지 있다. 인슐린/IGF-1(인슐린 유사 성장인자) 신호와 mTOR(엠토르) 신호이다. 두 신호를 발생시키는 회로의 스위치를 누르면 노화 방지로 이어지는 길이 끊어지게 된다.

혈당을 낮추는 인슐린과 인슐린을 닮은 IGF-1은 신진대사 및 몸의 성장을 제어하는 단백질 분자이다. 혈액 속으로 방출된 인슐린 또는 IGF-1은 세포막의 수용체와 결합하여 세포에 신호를 전달한다.

이 신호가 전달되면 장수유전자가 억제되어 장수에 불리해지고, 전달되지 않으면 장수유전자가 활성화되어 장수로 이어진다.

그래서 인슐린 수용체를 자극하지 않는 일(칼로리 제한)이 장수와 연결된다고 하는 것이다. 인슐린/IGF-1 신호의 스위치를

'인슐린 스위치'라고 표현하면, 인슐린 스위치가 꺼져있어야 수명은 늘어난다.

mTOR는 세포의 영양 상태를 감지하는 센서처럼 작동하는 단백질의 일종이다. 단백질과 지질의 합성을 촉진하는 작용이 있어 암 발생과도 깊은 연관을 갖는다.

mTOR가 활성화되면 세포 증식이 촉진되므로 수명 연장과 암 발생에 불리하게 작용한다.

그런데 칼로리 제한이나 식사 제한에 의해 세포의 활성이 높아지면 mTOR가 억제된다는 사실이 밝혀졌다. **단식이나 칼로리 제한을 하면 mTOR는 활성화하지 않고 장수유전자를 활성화해서 장수로 이어진다.**

반면 과식을 했을 때는 mTOR가 활성화되어 세포 증식을 촉진하는 동시에 장수유전자의 활성화를 저해하여 수명이 줄어든다.

mTOR는 인슐린 신호에도 영향을 받는다. 인슐린 신호가 강해지면 mTOR까지 활성화되어서 장수와 암 억제에 불리해진다.

인슐린 스위치가 꺼져야 수명이 길어지듯이 mTOR 회로의 스위치도 꺼져야 수명 연장에 도움이 된다.

이처럼 인슐린 스위치와 mTOR 스위치는 각각 상호작용을 통해 유전자의 활동을 조절한다. 두 스위치가 켜지면 본디 생물의 수명을 연장하는 스위치가 꺼지게 된다.

고로 아프지 않고 장수하려면 이 2가지 스위치를 눌러서는 안 된다.

케톤체가 장수유전자를 활성화한다

칼로리 제한이 장수하는 데 유리하다는 말은 저칼로리라면 무엇이든 좋다는 이야기가 아니다. 이를테면 채소만 먹는다고 해서 무조건 수명이 길어지지는 않는다.

실은 수명을 단축하는 인슐린 스위치와 mTOR 스위치를 누르지 않고, 장수유전자를 효율적으로 활성화하면서도 저칼로리가 아닌 에너지원이 있다.

케톤체와 그것을 늘리는 케톤식(지방 중심 식사)이다.

제7장에서 소개한 케톤체는 노화 방지를 논할 때 핵심이 되는 단어이다.

의료 현장에서는 몸속의 케톤체가 증가하면 위기 신호라고 판단하는 프로토콜이 있다. 그러나 이는 이화작용(異化作用)의 지표인 케톤체이고, 생리적인 지방대사(脂肪代謝)의 케톤체는 증가한다 해도 그 의미가 전혀 다르다.

케톤체에는 아세토아세트산, 베타하이드록시뷰티르산, 아세톤 세 종류가 있다.

그중 아세토아세트산과 베타하이드록시뷰티르산이 에너지원으로 쓰이는데, 베타하이드록시뷰티르산은 자연 분해가 이루어지지 않아서 혈액 속을 흐르는 양이 제일 많은 케톤체가 된다(베타하이드록시뷰티르산은 케톤기가 없으므로 정확하게는 케톤체가 아니라 단쇄지방산이지만 관행상 케톤체라고 표기).

간에서 생성된 케톤체는 몸에 당질이 부족할 때 혈액 속으로 분비되어 뇌, 심장, 근육 등으로 보내지고, 각각의 세포에서 에너지를 만들어내는 재료가 된다.

베타하이드록시뷰티르산은 적혈구를 제외한 주요 체내기관의 에너지원이 되고, 그 밖의 중요한 역할(에너지와 세포 재생, 세포 내 신호 전달)도 담당한다.

베타하이드록시뷰티르산은 세포의 수용체(G단백질 연결 수용체)와 결합하여 ① 혈중 유리지방산을 억제하고, ② 매크로파지(대식세포) 같은 면역세포에 작용해 염증을 완화하고, ③ 장수 유전자를 자극한다는 사실이 밝혀졌다.

이러한 작용은 우리 몸에 이로운 현상이기 때문에 영양 관련 서적에서도 케톤체가 만병통치약처럼 다뤄지고 있다.

미토콘드리아 초기화로
장수를 손에 넣는다

여기까지 노화 방지에 필요한 생리학 지식과 최근 주목도가 높아진 장수유전자에 대해 알아보았다. 다만 이것만으로는 아직 설명이 부족하다. 노화 방지에 중요한 미토콘드리아도 살펴보아야 한다.

미토콘드리아는 거의 모든 세포의 내부에 존재하는 작은 기관(세포 소기관)으로 세포를 움직이는 엔진 역할을 한다. 세포에 딸린 한 기관이지만 핵의 DNA와는 별도로 독자적인 DNA를 가지고 있어서 자가 증식 및 자가 분해가 가능하다.

이 미토콘드리아가 노화 방지와 깊이 연관된 이유는 무엇일까?

미토콘드리아 내에서는 산소를 이용해 에너지를 생산한다. 인간이 호흡으로 대기 중 산소를 흡수하는 것은 미토콘드리아 내에서 에너지를 얻는 데 필요한 행위이다. 미토콘드리아는 세포가 활동에 필요로 하는 에너지의 95%를 생산한다고 해서 '세포의 에너지 생산 공장'이라고도 불린다.

포도당의 분해는 세포질 내부에서 이루어지는데, 이것은 산소 없이도 잘 작동하는 에너지 회로이다. 이 포도당 회로가 존재하는 덕에 인간은 무산소 상태에서도 얼마간 움직일 수 있는 것이다.

포도당 회로는 산소를 사용하지 않는 만큼 '산화' 문제가 적다. 그에 비해 미토콘드리아 내에서 에너지를 만들어내는 TCA(구연산) 회로에는 다량의 산소가 필요하다.

산소를 이용하는 TCA 회로는 포도당 회로에서 생산하는 에너지보다 큰 에너지를 지속적으로 생산하지만, 아무래도 산소를 이용하는지라 몸에 해로운 활성산소까지 발생시키고 만다.

미토콘드리아는 몸속의 산소를 95%가량 소비하며, 그중 1~3%가 활성산소로 전환된다고 한다. 그리고 그것이 미토콘드리아 자체에 손상을 입힌다.

이 문제를 해결하기 위해 세포에는 미토콘드리아끼리 합체와 분열을 반복하여 기능 저하를 방지하는 시스템이 존재한다. 정상적인 미토콘드리아끼리만 합체하고, 비정상적인 미토콘드

미토콘드리아는 에너지 생산 공장

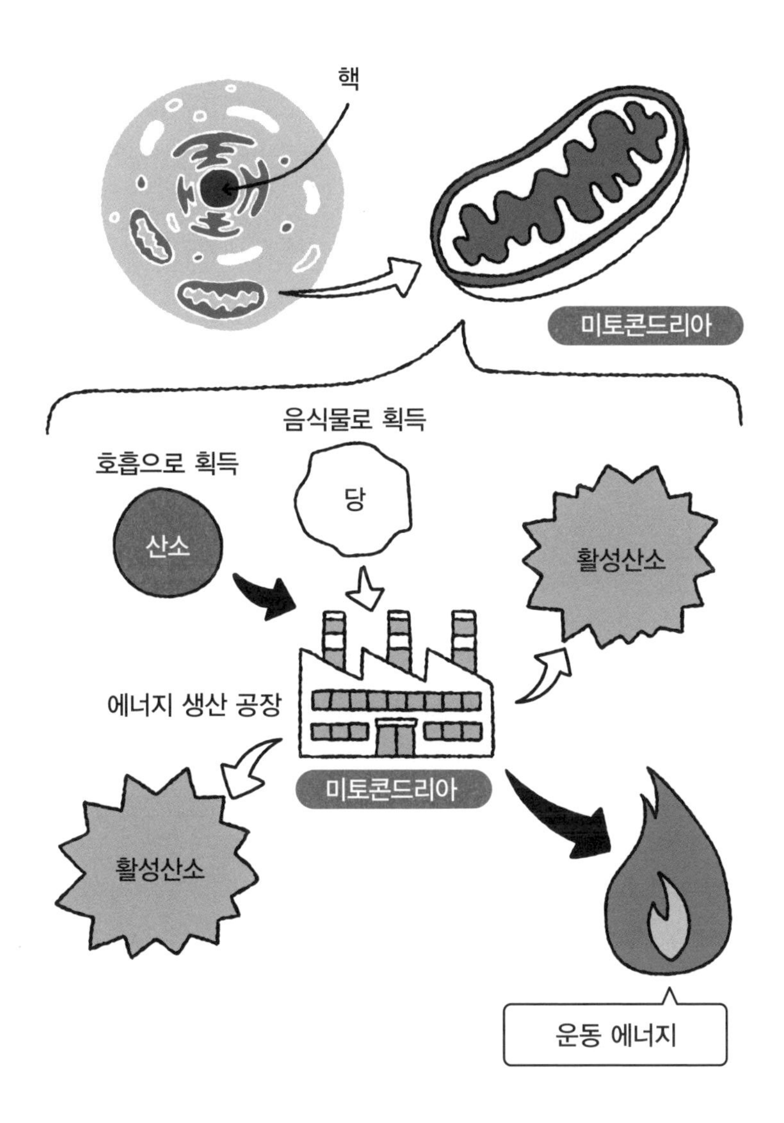

리아는 합체에서 배제하여 리소좀이라는 세포 소기관에 의해 분해·제거되도록 하는 시스템이다. 미토콘드리아의 품질은 위와 같은 '초기화 기능'이 있기에 유지된다.

그렇다면 미토콘드리아의 질을 높이는 좋은 방법은 무엇일까?

딱히 특별한 방법이 있다기보다는 미토콘드리아에 적당량의 스트레스를 주어야 한다.

단식, 지구력 운동, 적정한 일광욕, 한랭(寒冷) 자극 등 예로부터 경험적으로 이어져내려온 건강법을 이용해서 말이다.

단식이
미토콘드리아에 좋은 이유

최근 들어 다이어트나 해독(Detox)을 목적으로 한 단식(Fasting)이 주목받고 있다.

단식은 일정 기간 식사를 중단함으로써 위장에 휴식을 주고, 음식물의 영양소를 제대로 흡수할 수 있는 상태로 몸을 되돌리고자 하는 건강법이다.

나의 외래환자 중에도 "16시간 단식을 하면 몸에 좋다길래 실천하고 있어요"라고 말하는 사람이 많아졌다.

내가 "아침은 안 먹어도 괜찮다"라고 말하는 이유 중 하나는 앞서 설명한 미토콘드리아의 초기화 기능을 활성화하기 위해서이다.

미토콘드리아의 초기화 기능은 오토파지(Autophagy)라는 이름으로 알려져있다.

오토파지란 '자기 자신을 먹는다'라는 뜻인데, 영양 공급이 없어졌을 때 몸의 세포가 제 일부를 스스로 분해하는 현상을 가리킨다. 이는 불필요해진 세포를 분해하여 새로운 세포로 교체하는 일종의 재활용 작용이라고 할 수 있다.

일반적으로 마지막 음식물을 먹고 10~12시간이 지나면 간에 저장된 글리코겐이 바닥나면서 지방이 분해되어 에너지로 쓰이기 시작한다. 그렇게 시간이 더 지나 16시간째에 접어들면 드디어 몸속에서 오토파지가 활동을 시작한다.

미토콘드리아가 오토파지로 초기화되는 것은 마이토파지(Mitophagy)라고도 불리며, 항상 활성산소와 맞서 싸우는 미토콘드리아를 초기화하는 중요한 체계이다.

장수유전자를 활성화하는 케톤식

인슐린 스위치, mTOR 스위치, 장수유전자, 미토콘드리아의 초기화 기능 등 장수에 중요한 개념을 쭉 살펴보았다.

이 중에서 무엇이 가장 중요한지 묻는다면 답은 '인슐린 스위치를 누르지 않는 것'이다. 인슐린 스위치는 성장기 아동에게는 중요한 스위치이지만 성장이 끝난 성인에게는 불이익을 주는 측면이 더 크다.

장수유전자와 미토콘드리아의 초기화 기능은 이미 갖춰진 유전자 정보이기에 원래는 장수유전자가 늘 작동하고 있어야 정상이다. 이를 방해하는 것이 고인슐린혈증이요, 인슐린 스위치가 켜진 상태이다.

현대인은 1970년대보다 1990년대에 인슐린 호르몬의 분비 시간이 증가했다. 이래서야 노화 방지는커녕 생활습관병 대행진이 열리고 만다.

애당초 모든 생활습관병의 원인은 고인슐린혈증이라고 해도 과언이 아니다. 그렇기에 노화를 방지하고, 암에 걸리지 않는 몸을 만들려면 당질 제한에서 한 단계 더 나아간 식사법이 필요하다.

그것이 바로 '케톤식'이다. 케톤식은 섭취 에너지의 60~90%를 지방으로 섭취하는, 당질 제한의 궁극적인 형태라고 할 수 있는 식이요법이다.

케톤식은 뇌전증 치료식으로 개발되었으나 암에도 유효하다는 사실이 최근 밝혀졌다. 이를 뒷받침하는 근거로는 북극권에 사는 이누이트 민족을 대상으로 진행한 역학 조사가 자주 거론된다.

이누이트 민족은 물개 고기를 먹는 등 전통적으로 케톤식에 가까운 저탄수화물·고지방 형태의 식습관을 유지해왔고, 그동안은 암 발생률이 극도로 낮았다.

그런데 1910년 이후 탄수화물 비율이 높은 선진국형 식문화가 들어오게 되면서 1950년대부터는 대장암, 간암, 유방암, 전립샘암(전립선암) 환자가 늘어났다고 한다.

케톤식의 효과는 암 억제뿐만이 아니다. 케톤식을 하면 장수

유전자의 스위치가 켜져서 노화 방지에도 효과적이다. 이러한 케톤식은 키토제닉 식이요법(Ketogenic Diet)이라고도 불린다.

일반적인 키토제닉 식이요법의 영양소 비율은 지질 75%, 단백질 20%, 당질 5%이다. 후생노동성에서 권장하는 영양소 비율과는 상당히 다르지만, 이 정도까지 지질 비율을 높여도 문제는 없다.

물론 이것은 치료식의 측면도 있으므로 지질의 비율 높일 수 없는 사람은 키토제닉보다는 한 단계 아래의 '엄격한 당질 제한'을 해도 무방하다. 엄격한 당질 제한의 영양소 비율은 지질 60%, 단백질 32%, 당질 8%이다.

다만 여기서 노화 방지나 암 치료를 고려할 경우 '단백질의 비율'까지 조절해야 한다. 단백질은 혈당 상승이 적은지라 당질에 비하면 확실히 안전지대가 넓다. 다만 혈당 상승이 적어도 인슐린 추가 분비는 일어난다.

단백질 제한이 없는 당질 제한식을 해도 당뇨병 치료에는 효과가 있으나 심혈관계 질환 혹은 암을 억제할 작정이라면 단백질 섭취도 어느 정도는 제한해야 한다.

장수에 꼭 필요한 인슐린 조절

미토콘드리아의 초기화 기능이나 장수유전자와 관련해서는 대체로 과식이 문제여서 칼로리 제한과 단식이 필요하다. 그러나 현대와 같은 시대에 생활 속에서 칼로리 제한이며 단식을 실천하는 것은 고행에 불과하다고 느끼는 사람도 있을 듯싶다.

예로부터 경험적으로 장수에 좋다고 여겨지는 소식과 단식은 인슐린 스위치를 켜지 않는 행동이기는 하나 오늘날의 바쁜 현대인이 그것을 실천하기는 쉽지 않다.

그렇지만 현대에는 과학적으로 장수에 도움이 되는 식생활(질 좋은 지질을 중심으로 식사의 균형을 잡아 인슐린 추가 분비를 억제하는 키토제닉 식이요법)을 실현하는 일도 가능해졌다. 케톤식은 칼로리 제한이라든가 장시간 단식을 하지 않고도 장수유전자를 활성화하고, 오토파지 스위치를 켤 수 있는 과학적인 식사이다.

이 책의 전반부에서는 현대인의 식생활에 혈당 조절이 꼭 필요하다고 이야기했다.

여기에 덧붙여 노화 방지를 목표로 한다면 혈당 조절은 물론 인슐린 조절까지 고려한 식사를 해야 한다. **인슐린 조절에는 당질 제한과 단백질 제한이 모두 필요하기에 지질 중심의 케톤식이 최선책이 된다.**

노화 방지 필수 미네랄 칼륨

키토제닉 식이요법은 어디까지나 3대 영양소의 비율에 대한 이야기인지라 다른 영양소(비타민, 미네랄 등)는 거론하지 않는다. 키토제닉 식단은 저탄수화물식인데 사실 심혈관 질환(협심증, 심근경색, 심장기능상실, 뇌졸중 등)에는 탄수화물 섭취가 그리 관여하지 않는다는 자료도 있다.

심혈관 질환을 예방하는 데는 칼륨이 중요하다. 칼륨이 노화 방지에 필수적인 이유는 콩팥에서 일어나는 나트륨의 재흡수를 억제하고, 소변 배설을 촉진하여 혈압을 낮추는 효과가 있기 때문이다.

현대인은 당질과 마찬가지로 염분(나트륨) 섭취가 과도해지기 쉽다. 나트륨은 몸에 최소한은 필요한 미네랄이지만 너무 많으면 혈관 내피에 주는 압력이 커져서 혈관 손상으로 인한 심혈관 질환의 원인이 되기도 한다.

요컨대 칼륨은 키토제닉 식이요법으로도 미처 보충하지 못하는 미네랄의 균형을 조절해 혈관을 보호하고, 이로써 노화를 방지하는 중요한 영양소이다. 해외 연구에서도 고칼륨 식품 섭취가 심혈관 질환 억제로 이어진다는 점은 드러났다.

칼륨은 해조류, 채소류, 과일류, 콩류, 육류, 어패류 등에 다량 함유되어 있고, 가공이나 정제가 진행되면 함량이 감소한다. 다시 말해 신선식품에 많고, 가공이 이루어지면 칼륨이 손실되므로 되도록 생식하는 편이 칼륨을 충분히 섭취할 수 있다.

아마 원시시대처럼 무엇이든 생으로 먹던 시절에는 식중독 문제는 있을지언정 칼륨 부족은 적었을 듯싶다. 어쨌거나 가열된 음식과 가공식품을 많이 먹는 현대인은 의식적으로 칼륨을 섭취할 필요가 있다.

따라서 생으로 먹을 수 있는 채소와 과일을 비롯하여 해조류, 생선회 등도 적극적으로 섭취해야 할 식품이다.

게다가 키토제닉 식이요법에 고칼륨 식품을 곁들이면 장수 유전자를 활성화하고, 심혈관 질환을 억제하는 데도 효과적이다. 이를 실천하는 방법으로 키토제닉 식단에 지중해식과 일식의 장점을 더한 식생활을 추천한다.

구체적인 형태는 다음과 같다.

- 당질은 인슐린 추가 분비가 일어나지 않도록 1식 20g 이내로 제한한다.
- 단백질은 적극적으로 섭취해도 되지만 노화 방지를 바란다면 1식 30g 이내로 제한한다.
- 지질은 상한선이 없다.
- 지질은 오메가3 지방산을 중심으로 섭취하되 가열한 지질은 멀리한다.
- 비타민, 미네랄이 함유된 해조류와 잎채소를 적극적으로 섭취한다.
- 채소와 과일은 생식하는 편이 좋다.
- 음식 재료는 적게 가열하는 편이 영양상 좋다. 저온 조리와 생선회를 적극적으로 활용한다.

암의 먹이가
당분이라는 생각은 낡았다

인슐린 스위치를 억제하는 것은 암을 억제하는 결과로도 연결된다.

항암제로 사용되는 라파마이신은 mTOR의 활성을 떨어뜨려 암을 억제하고, 나아가 노화 방지에도 유리하게 작용한다. 그렇다보니 항암이 아닌 노화 방지를 목적으로 한 이용도 고려되고 있다.

결국 노화를 방지하고자 하면 암을 억제하는 길로 이어지고, 심혈관 질환까지 억제할 수 있다. 이토록 효과가 좋은 식사법을 무시하는 것은 아까운 일이다.

제4장에서 소개한대로 '암을 발생시키기 쉬운 3대 영양소'는 1위가 당질, 2위가 단백질, 3위가 지질이다. 이 사실을 환자에게 설명하면 꽤 놀라는 반응이 돌아온다. '저당질'은 의식하

게 되었지만 '지질은 당연히 삼가야 한다'라는 생각이 머릿속 깊이 새겨져있는 탓이다.

요즘은 의식적으로 혈당을 올리지 않으려고 노력하는 사람이 많고, 당질 제한을 실천하는 사람도 늘었다. 당질 섭취만 제한해도 당뇨병을 예방하는 효과는 크다.

하지만 먼저 언급했다시피 암까지 예방하기에는 부족하다. 암 예방을 생각한다면 무엇보다 고인슐린혈증을 피해야 한다. 「고인슐린혈증을 앓는 일본인의 암 사망률 증가」라는 연구에서도 드러났듯이 인슐린은 암을 증식시키는 최대 요인이라고 볼 수 있다.

당질 제한을 하면 고인슐린혈증도 피할 수 있으니 '그게 그거'라는 견해도 있으나 '혈당 스파이크 예방 = 고인슐린혈증 예방'은 아니다. 그 이유는 단백질 때문이다.

단백질이 혈당을 잘 올리지 않는다고는 해도 그것은 인슐린과 글루카곤이 동시에 분비되어 혈당 상승이 두드러지지 않는 것일 뿐으로 인슐린 자체는 분비된다. 혈당이 오르지 않더라도 인슐린이 분비되면 암은 증식할 수밖에 없다.

한때는 당질 제한 분야에서 "당질을 섭취하지 않으면 암에 걸리지 않는다"라는 정보가 나오기도 했다. 확실히 당질을 섭취하지 않으면 암에 걸릴 확률은 낮아진다. 문제는 단백질 과잉도 암을 유발할 수 있다는 점이다.

심지어 암은 당분이라는 이용하기 쉬운 영양분이 끊겨도 에너지원을 지질과 단백질로 전환하여 커진다는 사실이 밝혀졌다. 오직 당질에만 집중하는 암 대책은 이미 낡았다. 이제는 고인슐린혈증을 표적으로 한 항암 대책이 요구되는 시대에 접어들었다.

더구나 고인슐린혈증을 억제하면 기존의 암 치료법(수술, 항암제, 방사선요법)이 가지는 치료 효과도 더욱 높일 수 있다. 케톤식은 다른 치료법과 달리 부작용이 거의 없으니 암을 치료하는 의료 현장에서 적극적으로 도입할 수 있는 시대가 하루빨리 오기를 바라며 이 책을 마무리하고자 한다.

당질제한식 레시피

이 책에서 나온 건강법을 실천하기 위해서는 밥상 위의 음식부터 바꿔야 한다. 이번 장은 당질을 제한해 위장을 보호하고 지질의 섭취량을 효과적으로 늘릴 수 있는 요리들을 소개한다. 요리에 대한 식품정보는 영양사 다카스기 호미 씨의 감수를 받았다.

위장&소화에 좋은 메뉴 1

미네랄 듬뿍! 위장에 편한

채소 수프

— 영양사의 추천 포인트 —

채소 수프에는 대변을 부드럽게 하는 수용성 식이섬유가 든 채소와 창자의 꿈틀 운동을 촉진하는 불용성 식이섬유가 든 채소를 모두 넣으면 좋습니다. 수용성 식이섬유는 해조류, 곤약, 토란 등에 다량 함유되어 있어요. 불용성 식이섬유는 버섯류, 콩류, 우엉 등에 많이 들었습니다.

수프(국물)를 적극적으로 섭취하는 것은 위장의 상태를 개선하는 데 효과가 있습니다. 채소에는 칼륨을 비롯한 미네랄이 풍부해서 장(창자) 활동에 도움이 됩니다. 단, 칼륨은 물에 끓이면 채소에서 빠져나오므로 국물까지 전부 마시는 편이 좋습니다.

채소 수프에 해조류나 조개류를 넣으면 마그네슘, 아연 등 미네랄을 더욱 풍성하게 섭취할 수 있어 위장 컨디션 조절에 최고입니다. 소화기관에 부담을 주지 않기에 단식 후 회복식으로도 추천합니다.

영양가

당질	10.9g
지질	4.6g
단백질	3g

날생선을 채소와 함께 먹는

생선 카르파초

재료를 가열하는 조리법은 식중독 예방에는 효과적이지만 프라이팬 등으로 고온 조리를 한 단백질과 지질은 성질 자체가 달라집니다. 그 탓에 영양소가 많이 손실되고, 소화도 잘되지 않습니다.

생식해도 식중독 위험이 적은 생선회용 생선을 채소와 함께 먹으면 소화가 잘됩니다. 날것이 거북한 사람은 데쳐 먹어도 괜찮습니다. 신선한 생선이 없을 때는 소고기나 돼지고기를 얇게 저며서 샤부샤부처럼 데쳐 먹는 방법을 추천합니다.

— 영양사의 추천 포인트 —

생선은 생으로 먹어야 오메가3 지방산까지 효율적으로 보충할 수 있습니다. 오메가3 지방산은 열에 의해 산화되는 특징이 있기 때문입니다. 오메가3 지방산은 지방으로 흡수되기 어려워 지방의 합성을 방지합니다. 또한 알레르기 예방, 혈액순환 개선 등의 효과도 기대할 수 있습니다.

영양가

당질	2.5g
지질	19.8g
단백질	18.6g

※ 120g 기준

위장&소화에 좋은 메뉴 3

유익균의 증식을 도와주는

낫토+두부

— 영양사의 추천 포인트 —

낫토에 함유된 낫토균은 온도와 산(酸)에 강해서 죽지 않고 창자까지 이동해 유익균의 증식을 도와줍니다. 두부와 모즈쿠(큰실말)에 함유된 마그네슘은 몸속 효소의 작용을 도와 영양소 분해 및 합성 등을 원활하게 합니다.

영양가

당질	5.9g
지질	13.6g
단백질	21.1g

※ 낫토 1팩 + 두부 150g 기준

낫토와 같은 발효식품은 위장의 상태를 개선하는 데다 단백질까지 섭취할 수 있어 치즈만큼이나 추천하는 음식입니다. 특히 대두를 발효시킨 낫토는 탄수화물이 적어서 소화가 잘되고, 비타민K도 다량 함유하고 있습니다.

낫토는 밥과 함께 먹어야 정석이라는 인식이 있지만 밥 대신 두부에 참기름을 곁들여 먹어도 무척 만족스럽습니다. 두부는 마그네슘을 포함한 미네랄이 풍부하여 위장 건강에 유익합니다. 영양 균형을 생각해서 미역귀 같은 해조류나 달걀노른자 등을 얹어 먹으면 메인 요리로도 손색이 없습니다.

면역력 향상은 물론 미용에도 좋은

연어와 버섯 호일구이

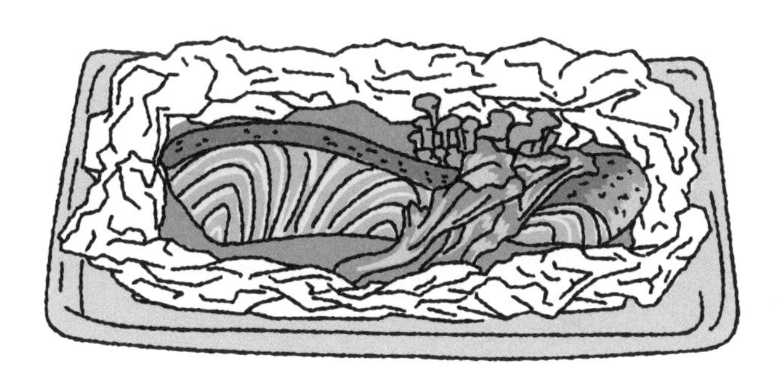

생선은 질 좋은 단백질과 지질, 비타민, 미네랄까지 듬뿍 들었을뿐더러 위장에도 편한 식품입니다. 위장의 부담을 더욱 줄이고 싶다면 불에 직접 굽거나 프라이팬으로 익히기보다는 데치거나 찌는 조리법이 바람직합니다.

생선을 알루미늄 호일로 감싸 찌듯이 구우면 생선에서 빠져나오는 영양소도 놓치지 않고 섭취할 수 있습니다. 요리 기구를 더럽히지 않으니 뒷정리도 편합니다. 버섯은 식이섬유, 면역을 보조하는 비타민D가 많아서 연어 호일구이와 찰떡궁합인 재료입니다.

— 영양사의 추천 포인트 —

연어는 항산화 작용이 뛰어난 아스타크산틴(Astaxanthin)을 함유하여 건강에도 미용에도 좋습니다. 아스타크산틴의 항산화 작용은 비타민C의 약 6,000배에 달한다고 합니다. 버섯류에는 베타글루칸이 무척 풍부해서 면역력 향상에 좋습니다.

영양가

당질	5.7g
지질	10.5g
단백질	18.8g

※ 연어 150g 기준

위장&소화에 좋은 메뉴 5

여름에도 고달픈 위장에 안성맞춤

닭전골

— 영양사의 추천 포인트 —

닭고기는 소화·흡수가 잘되는 단백질입니다. 닭고기에는 니아신과 비타민A가 많이 들어 있어서 피부 건강과 점막 건강을 유지하는 데 좋습니다. 다른 단백질원으로 대체하고 싶다면 마찬가지로 대장암 위험이 적은 흰살생선이나 돼지고기 살코기를 추천합니다.

영양가

당질	13.8g
지질	17.4g
단백질	24.8g

전골은 만들기 쉽고 호불호가 적은 요리라 추운 계절에는 매일같이 활용하고 싶은 메뉴입니다. 땀이 나서 미네랄이 부족해지기 쉬운 여름날에도 찬 음식에 지친 위장을 달래는 데 안성맞춤이에요.

여기서는 닭고기를 사용한 닭전골을 소개했는데, 생선이나 돼지고기를 써도 괜찮습니다. 채소며 버섯까지 넉넉하게 넣어 비타민과 미네랄을 보충하면 위장 건강에도 도움이 됩니다. 단, 마무리로 국물에 말아 먹는 밥이나 면류는 위장에 부담을 주니 생략해야 합니다.

지질을 효율적으로 섭취할 수 있는

아보카도&참치 통조림

1 케톤식 추천 메뉴

'숲의 버터'라고도 불리는 아보카도는 지질을 많이 함유하여 케톤식에 알맞은 재료 중 하나입니다. 기름이 몸에 좋다고들 해도 속이 더부룩할 것 같아 거부감이 드는 사람도 아보카도라면 부담 없이 먹을 수 있을 거예요.
지질을 효율적으로 섭취할 수 있도록 아보카도에 올리브유를 뿌린다거나 참치 같은 생선을 곁들여도 좋습니다. 수입되는 아보카도는 대부분 맛이 담백합니다. 담백한 맛이 질린다면 올리브유나 버터를 더하여 먹는 방법도 추천합니다.

— 영양사의 추천 포인트 —

아보카도와 올리브유에는 올레산이 다량 함유되어 있습니다. 올레산은 장내 환경 유지, 나쁜 콜레스테롤 저하, 피부 미용 등에 도움이 됩니다. 아보카도에는 코엔자임 Q10, 비타민E 등 미용에 효과가 좋은 영양소도 많습니다.

영양가

당질	1.8g
지질	29.5g
단백질	14.2g

※ 아보카도 반 개 + 참치 통조림 1개 기준

케토식 추천 메뉴 2

영양 만점에 혈당 걱정도 없는

고등어 통조림 요리

— 영양사의 추천 포인트 —

고등어 통조림은 가공식품이지만 몸에 좋은 오메가3 지방산인 DHA와 EPA가 첨가되어 있다는 점이 포인트입니다. 비타민C나 식이섬유 같은 영양소는 거의 없어서 채소류와 함께 섭취해야 영양 균형을 맞출 수 있어요. 고등어 통조림은 당질이 적은 물담금(Water Based) 제품을 추천합니다.

영양가

당질	0.4g
지질	26.2g
단백질	24g

※ 고등어 통조림 100g+치즈 20g+버터 12g 기준

고등어 통조림은 편의점에서도 구할 수 있는 데다 오메가3 지방산을 손쉽게 섭취할 수 있어 요리에 적극적으로 활용하고 싶은 재료입니다.

시간이 없을 때는 가열하지 않고 올리브유나 참기름, MCT오일과 같이 먹으면 그만이고, 조금 가열해서 다른 느낌으로 즐겨도 좋습니다.

고등어 통조림은 필요한 영양소를 갖춘 식품이면서도 혈당을 올리지 않고, 식후 공복감이 적어 비상식으로도 손색이 없습니다.

저도 참치 통조림과 고등어 통조림은 늘 비축해둡니다.

붉은 살코기로 노화 방지

소고기 스테이크

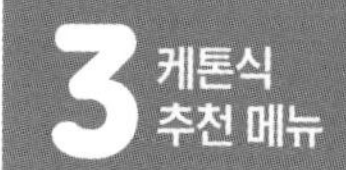

노화 방지와 다이어트에 좋은 음식이라고 하면 흔히들 간소한 요리를 떠올리는데, 고기 요리에도 노화 방지 효과를 얻을 수 있는 메뉴가 다양합니다. 소고기는 마블링이 들어간 부위가 아니라 살코기가 많은 부위를 고르세요.

지방은 인간에게 안전한 성분이지만 고온으로 가열해 먹으면 몸에 나쁜 영향을 미치니 스테이크용으로는 살코기가 적당합니다. 구할 수 있다면 풀만 먹여 키운 소의 고기가 맛으로 보나 영양으로 보나 가장 좋습니다.

— 영양사의 추천 포인트 —

소고기는 아미노산 조성이 인간과 비슷할뿐더러 카르니틴, 크레아틴, 비타민B 등 몸만들기에 필요한 영양소가 풍부한 식품입니다. 지방 연소와 근육 합성을 효율적으로 촉진하고 싶은 사람, 철분이 부족하기 쉬운 여성에게 추천합니다.

영양가

당질	0.2g
지질	40g
단백질	19.8g

※ 소고기(살코기) 120g 기준

케톤식 추천 메뉴 4

향신료로 위장 상태를 개선하는

수프 카레

— 영양사의 추천 포인트 —

수프 카레는 밀가루를 사용하지 않는 만큼 당질이 적은 음식입니다. 다만 뿌리채소가 들어가면 당질이 많아지므로 뿌리채소는 되도록 넣지 말아 주세요. 카레에 어울리는 지질로는 코코넛오일을 추천합니다. 코코넛오일에는 케톤체의 생성을 도와서 지방 연소를 촉진하는 기능이 있습니다.

영양가

당질	10.5g
지질	36.1g
단백질	24.6g

※ 뿌리채소는 조금만

재료만 잘 고르면 카레는 이상적인 케톤식입니다. 향신료가 위장 상태를 개선해 주기 때문에 식욕이 없을 때도 추천합니다. 감자를 비롯한 덩이줄기채소와 당근 같은 뿌리채소는 넣지 말고, 버터나 올리브유 등을 넉넉히 넣어주세요.

시판 고형 카레에는 밀가루가 많이 포함되어 있으므로 고형 카레보다는 향신료를 사용하는 편이 낫습니다. 향신료 자체에 항산화 작용이 있어 노화 방지에도 효과적입니다. 카레에 건더기를 많이 넣어서 밥 없이 카레만 단독으로 먹거나 반찬과 함께 먹으면 가장 좋습니다.

무염 견과로 노화를 방지

요구르트+견과

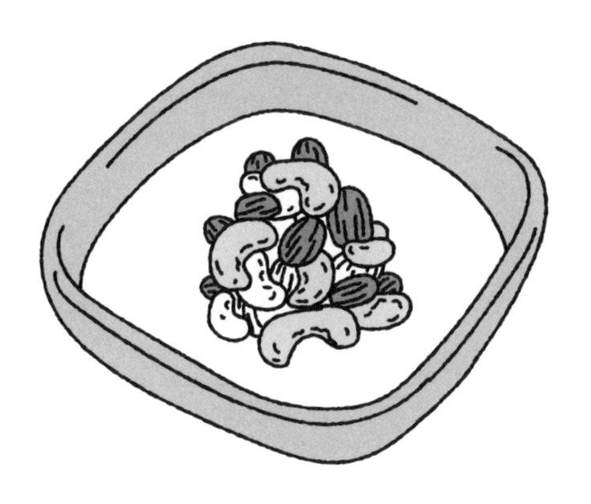

견과류는 질 좋은 지질이 많고, 비타민과 미네랄을 함유하고 있어 케톤식으로 추천할 만합니다. 그중에서도 아몬드와 호두는 다른 견과에 비해 당질이 적습니다. 그대로 먹어도 몸에 좋지만 요구르트와 올리브유를 곁들이면 영양가가 더욱 높아집니다.

조리하는 과정도 간단해서 식후 디저트 대용으로 추천합니다. 일하거나 공부할 때 간식으로 가볍게 먹기 알맞고, 빵이나 주먹밥과 달리 야식으로 먹어도 졸음이 오지 않는 메뉴입니다.

— 영양사의 추천 포인트 —

견과류는 지질을 효율적으로 보충할 수 있는 식품입니다. 특히 오메가3 지방산이 풍부한 호두와 올레산이 풍부한 아몬드를 추천해요. 요구르트는 무설탕 제품이 좋습니다. 단맛을 원한다면 스테비아나 알룰로오스 같은 천연감미료를 활용해보세요.

영양가

당질	8.3g
지질	21.9g
단백질	7.4g

※ 요구르트 150g+견과 10g+올리브유 1큰술 기준

이 책은 빵을 중심으로 한 탄수화물이 위장 및 다른 내장에 어떤 영향을 미치는지 소화기과 전문의의 입장에서 집필했습니다.

밀과 쌀은 어려서부터 먹어온 음식이기 때문에 성인이 되고 나서 갑자기 몸에 해롭다는 말을 들어도 '그럴 리 없다' 혹은 '먹는 즐거움을 빼앗기기 싫다'라고 생각하는 사람이 있을 것입니다.

물론 무엇을 먹느냐는 개인의 자유이고, 누구나 먹는 즐거움을 추구할 권리가 있습니다.

그렇지만 이 책에서 소개한 식사법을 실천하면 저의 외래환자들처럼 많은 사람이 건강 상태를 개선할 수 있는 것도 사실입니다.

게다가 그 식습관을 오래 유지하면 진정한 의미의 '먹는 즐거움'도 실감하게 됩니다. 자칫 오해하기 쉬운데, 당질 제한을 한다고 해서 먹는 즐거움이 사라지지는 않습니다. 오히려 진정한 의미에서 음식을 즐길 수 있게 됩니다.

저 역시 10년이 넘도록 당질 제한을 실천하고 있는데, 위장과 몸에 부담스럽지 않은 식사를 통해 얻는 만족감은 탄수화물을 먹던 시절보다 몇 배나 큽니다. 돌이켜보면 그때는 음식 재료의 맛도 제대로 몰랐습니다. 이제는 잘 알지만요.

무엇보다 예전에는 음식에 감사함을 느끼지 않았습니다. 지금은 음식을 제공하는 식당과 농부의 노력에도 감사함을 느낍니다.

탄수화물이 맛있다는 것은 의심할 여지가 없는 사실이지만 탄수화물에서 오는 만족감은 결국 허상이나 다름없다는 점을 깨달았습니다.

더군다나 탄수화물 섭취를 줄여서 얻게 되는 장점은 건강 개선뿐만이 아닙니다. 지금껏 허비한 시간도 되찾을 수 있습니다. 저만 해도 과거에는 하루에 세 번 이상 식사에 휘둘렸으니까요.

질 좋은 음식을 하루에 한 번이나 두 번만 먹는 현재는 식사에 쓰는 시간이 최소화되어 저의 주변 사람이 행복해지는 일에 많은 시간을 할애할 수 있게 되었습니다. 이것이 저에게는 세상 무엇과도 바꾸고 싶지 않은 장점입니다.

외래진료에서 환자에게 탄수화물 제한을 권유하면 "선생님은 탄수화물 안 먹고 무슨 재미로 사세요?"라는 반문이 돌아올 때가 있습니다.

실상은 정반대인데 말이지요. 도리어 저는 탄수화물에 휘둘리는 인생이 더 재미없다고 생각합니다. 그리고 그것을 바꿀 수 있는 존재는 저 자신밖에 없습니다.

어떤 인생을 살아가느냐는 각자의 선택에 달렸습니다. 저는 많은 사람을 행복하게 하고 싶기에 앞으로도 탄수화물을 제한하고, 인간 본연의 식생활을 탐구하고자 합니다. 이 책을 읽고 도움받은 분이 한 분이라도 계신다면 저는 더없이 행복할 것입니다.

제1장

田中逸(2016). 「時間代謝学に基づく効率的な食事と運動を考える」『日本内科学会雑誌』105巻, 3号, p.411-416

Courtney R Chang “Restricting carbohydrates at breakfast is sufficient to reduce 24-hour exposure to postprandial hyperglycemia and improve glycemic variability” The American Journal of Clinical Nutrition, 109(5), April 2019

永井克也(2013). 「自律神経による生体制御とその利用」『化学と生物』51巻, 3号, p.160-167

제2장

中坊幸弘(1972). 「各種栄養素および物質による膵酵素分泌促進作用について」『栄養と食糧』25巻, 5号, p.422-426

제4-5장

David A. Johnson “A Low-Carbohydrate/High-Fat Diet for GERD?” Aliment Pharmacol Ther, 44:976, November 2016

Prudence R. Carr “Meat intake and risk of colorectal polyps: results from a large population-based screening study in Germany” The American Journal of Clinical Nutrition, 105(6), June 2017

Matthieu Lilamand “Efficacy and Safety of Ketone Supplementation or Ketogenic Diets for Alzheimer’s Disease: A Mini Review” Frontiers in Nutrition, 8:807970, January 2022

제7장

Pengfei Cheng “Can dietary saturated fat be beneficial in prevention of stroke risk?” Neurol Sciences, 37(7), July 2016

Yongjian Zhu “Dietary total fat, fatty acids intake, and risk of cardiovascular disease: a dose-response meta-analysis of cohort studies” Lipids in Health and Disease, 18(1), April 2019

제8장

Deirdre K. Tobias “Effect of low-fat diet interventions versus other diet interventions on long-term weight change in adults: a systematic review and meta-analysis” The Lancet Diabetes & Endocrinology, 3(12), December 2015

제9장

Martin O' Donnell "Joint association of urinary sodium and potassium excretion with cardiovascular events and mortality: prospective cohort study" BMJ, March 2019;364:l772

Sakurako Kira "Increased cancer mortality among Japanese individuals with hyperinsulinemia" Metabolism Open, 7: 100048, September 2020

『炭水化物が人類を滅ぼす 糖質制限からみた生命の科学』 夏井 睦(光文社新書)

『炭水化物が人類を滅ぼす【最終解答編】 植物 vs.ヒトの全人類史』 夏井 睦(光文社新書)

『ケトン体が人類を救う 糖質制限でなぜ健康になるのか』 宗田哲男(光文社新書)

『「糖質過剰」症候群 あらゆる病に共通する原因』 清水泰行(光文社新書)

『ケトン食ががんを消す』 古川健司(光文社新書)

『医者が教える食事術 最強の教科書 20万人を診てわかった医学的に正しい食べ方 68』 牧田善二(ダイヤモンド社)

『SWITCH オートファジーで手に入れる究極の健康長寿』 ジェームズ·W·クレメント, クリスティン·ロバーグ(日経BP)

『LIFESPAN 老いなき世界』 デビッド·A·シンクレア, マシュー·D·ラプラント(東洋経済新報社)

『「代謝」がわかれば身体がわかる』 大平万里(光文社新書)

『小腸を強くすれば病気にならない 今、日本人に忍び寄る「SIBO」から身を守れ!』 江田 証(インプレス)

『アンチエイジング医学の基礎と臨床 第3版』 日本抗加齢医学会専門医指導士認定委員会編(メジカルビュー社)

『実験医学 増刊 Vol.30 No.15 がんと代謝』 曽我朋義, 江角浩安編(羊土社)

『医者が教える「あなたのサプリが効かない理由」』 宮澤賢史(イースト·プレス)

『人生は「胃」で決まる! 胃弱のトリセツ』 池谷敏郎(毎日新聞出版)

『主食を抜けば糖尿病は良くなる! 新版 糖質制限食のすすめ』 江部康二(東洋経済新報社)

『慢性病を根本から治す 「機能性医学」の考え方』 斎藤糧三(光文社新書)

아침에 빵을 먹지 마라

초판 1쇄 인쇄 · 2023년 10월 4일
초판 1쇄 발행 · 2023년 10월 20일

지은이 · 후쿠시마 마사쓰구(福島正嗣)
옮긴이 · 이해란
펴낸이 · 이종문(李從聞)
펴낸곳 · (주)국일미디어

등 록 · 제406-2005-000025호
주 소 · 경기도 파주시 광인사길 121 파주출판문화정보산업단지(문발동)

영업부 · Tel 031)955-6050 | Fax 031)955-6051
편집부 · Tel 031)955-6070 | Fax 031)955-6071
평생전화번호 · 0502-237-9101~3

홈페이지 · www.ekugil.com
블 로 그 · blog.naver.com/kugilmedia
페이스북 · www.facebook.com/kugilmedia
E-mail · kugil@ekugil.com

· 값은 표지 뒷면에 표기되어 있습니다.
· 잘못된 책은 구입하신 서점에서 바꿔드립니다.

ISBN 978-89-7425-895-5(13590)